深度学习系列
DEEP LEARNING SERIES

深度学习实战手册

R语言版

[印] 普拉卡什（Prakash）
[印] 阿丘图尼·斯里·克里希纳·拉奥（Achyutuni Sri Krishna Rao） 著
王洋洋 译

R Deep Learning Cookbook

人民邮电出版社
北京

图书在版编目（CIP）数据

深度学习实战手册 : R语言版 / (印) 普拉卡什,
(印) 阿丘图尼•斯里•克里希纳•拉奥著 ; 王洋洋译
. -- 北京 : 人民邮电出版社, 2020.1
(深度学习系列)
ISBN 978-7-115-52425-6

Ⅰ. ①深… Ⅱ. ①普… ②阿… ③王… Ⅲ. ①程序语
言—程序设计 Ⅳ. ①TP312

中国版本图书馆CIP数据核字(2019)第252590号

版权声明

◆ 著 [印] 普拉卡什（Prakash）
[印] 阿丘图尼•斯里•克里希纳•拉奥
（Achyutuni Sri Krishna Rao）
译 王洋洋
责任编辑 王峰松
责任印制 焦志炜

◆ 人民邮电出版社出版发行 北京市丰台区成寿寺路 11 号
邮编 100164 电子邮件 315@ptpress.com.cn
网址 http://www.ptpress.com.cn
北京瑞禾彩色印刷有限公司印刷

◆ 开本：720×960 1/16
印张：15.25
字数：238 千字 2020 年 1 月第 1 版
印数：1 – 2 500 册 2020 年 1 月北京第 1 次印刷

著作权合同登记号 图字：01-2017-7975 号

定价：79.00 元

读者服务热线：(010)81055410 印装质量热线：(010)81055316
反盗版热线：(010)81055315
广告经营许可证：京东工商广登字 20170147 号

内容提要

本书介绍使用 R 语言和深度学习库 TensorFlow、H2O 和 MXNet 构建不同的深度学习模型的方法和原理。本书共 10 章，其中第 1、2 章介绍如何在 R 中配置不同的深度学习库以及如何构建神经网络；第 3 ～ 7 章介绍卷积神经网络、自动编码器、生成模型、循环神经网络和强化学习的构建方法和原理；第 8、9 章介绍深度学习在文本挖掘以及信号处理中的应用；第 10 章介绍迁移学习以及如何利用 GPU 部署深度学习模型。

本书的结构简单明了，每部分由准备环节、动手操作和工作原理组成，可强化读者的学习；内容上覆盖了深度学习领域常见的神经网络类型，并介绍了使用场景。同时，书中包含大量实用的示例代码，方便读者应用到实际项目中。

本书适合有一定 R 语言编程基础，并且希望使用 R 语言快速开展深度学习项目的软件工程师或高校师生、科研人员阅读。

前言

深度学习是机器学习中经常讨论的领域，因为它能够模拟复杂函数的能力，并能够通过各种数据源和数据结构进行学习，如横截面数据、序列数据、图像、文本、音频和视频。R 是数据科学界流行的语言。随着深度学习的发展，R 与深度学习的关系正在逐步深化。本书旨在提供各种深度学习模型的速成课程（R 语言实现），通过结构化、非结构化、图像和音频等具体案例的研究来演示深度学习的不同应用。另外，本书还将探讨迁移学习，以及如何利用 GPU 来提高深度学习模型的计算效率。

本书涵盖的内容

第 1 章，入门。本章介绍可用于构建深度学习模型的包，比如 TensorFlow、MXNet 和 H2O，以及如何安装配置它们以供本书后续使用。

第 2 章，R 深度学习。本章介绍神经网络和深度学习的基础知识，涵盖使用 R 中的多个工具箱构建神经网络模型的多种方法。

第 3 章，卷积神经网络。本章通过在图像处理和图像分类中的应用，介绍卷积神经网络的方法。

第 4 章，使用自动编码器的数据表示。本章使用多种方法构建自动编码器，涵盖数据压缩和降噪的应用。

第 5 章，深度学习中的生成模型。本章将自动编码的概念扩展为生成模型，并且涵盖诸如玻尔兹曼机（Boltzman Machine）、受限玻尔兹曼机（Restricted Boltzman Machine，RBM）和深度信念网络的方法。

第 6 章，循环神经网络。本章使用多个循环神经网络序列数据构建机器学习模型。

第 7 章，强化学习。本章为使用马尔可夫决策过程（Markov Decision Process，

MDP）构建强化学习提供了基础，还涵盖基于模型的学习和无模型学习。

第 8 章，深度学习在文本挖掘中的应用。本章提供一个深度学习在文本挖掘领域的端到端实现。

第 9 章，深度学习在信号处理中的应用。本章涵盖深度学习在信号处理领域中一个详细的案例研究。

第 10 章，迁移学习。本章涵盖使用预训练模型的方法，比如 VGG16 和 Inception，并且解释如何利用 GPU 部署深度学习模型。

阅读本书需要的知识

要想在数据科学领域有所建树，需要持续拥有好奇心、毅力和激情。深度学习的应用范围相当广泛，为了高效地利用本书，需要读者具备以下背景知识：

- 机器学习和数据分析基础；
- 比较熟练地掌握 R 语言编程；
- Python 和 Docker 基础。

学完本书，最终读者将能够理解和领会深度学习的算法，并知道如何解决多个领域中的复杂问题。

本书适合谁

这本书面向数据科学的专业人士或分析师，他们已经执行过机器学习的任务，想进一步探索深度学习，并且需要有一个快速的参考来解决深度学习实践所遇到的痛点问题。希望在深度学习方面获得竞争优势的读者会发现这本书很有用。

本书的格式约定

专业术语或正文中出现的重要的词以粗体显示。其他格式，比如警告文字和提示文字的符号如下所示。

显示警告或重要注释。

显示提示和技巧。

关于作者

Prakash 博士是一位数据科学家和作家。在过去的 12 年中，他一直在开发数据科学解决方案，帮助医疗保健、制药、制造和电子商务等领域的知名企业解决问题。他目前在 ZS 咨询公司担任数据科学经理。ZS 是全球最大的企业服务公司之一，其目标是通过数据分析帮助客户创建数据驱动战略，提升客户在销售和市场运营上的竞争力，从而使客户取得商业上的成功。

Prakash 获得了美国威斯康星大学麦迪逊分校的工业和系统工程博士学位，他的第 2 个工程博士学位是在英国华威大学获得的；他之前还获得了美国威斯康星大学麦迪逊分校的硕士学位、印度国家铸造和锻造技术研究所（NIFFT）的学士学位。基于他在英国就读博士学位期间的工作，他还是 Warwick Analytics 公司的联合创始人。

Prakash 在 IEEE-Trans、EJOR 和 IJPR 等多个刊物上发表了多篇文章，涉及运筹学和管理、软计算工具和高级算法等多个研究领域。他还编辑了一期《复杂系统的智能方法》的期刊，并对 Wiley 出版的 *Evolutionary Computing in Advanced Manufacturing* 以及 Packt 出版的 *Algorithms and Data Structures Using R* 两本书的内容做出了贡献。

如果没有我妻子 Ritika Singh 博士和我女儿 Nishidha Singh 的支持与爱，这本书就不可能完成。另外，我想特别感谢 Packt 团队中的许多人，他们的名字可能没有全部被提及，但我由衷地赞赏和感激他们。特别感谢编辑 Aman Singh，若没有与他早期的讨论和他给出的意见，这本书就不会产生。另外，我要感谢 Tejas Limkar 编辑，是他不断推动我们并使这本书准时交付。我还要感谢本书所有的审稿人，他们的反馈帮助我们改进了这本书。

Achyutuni Sri Krishna Rao 是数据科学家、土木工程师和作家。他在 ZS 咨询公司担任数据科学顾问。在过去的 4 年中，他一直在开发数据科学解决方案，以解决医疗保健、制药和制造企业的问题。

Sri Krishna 获得了新加坡国立大学企业商业分析和机器学习的硕士学位、印度 Warangal 国家技术研究所的学士学位。

Sri Krishna 在土木工程研究领域发表了多篇文章，并参与了 Packt 出版的名为 *Algorithms and Data Structures Using R* 一书的写作。

本书的写作之旅令人相当难忘，我想归功于我亲爱的妻子和我的宝贝，还要感谢我亲爱的父母和我可爱的妹妹。此外，非常感谢整个 Packt 团队的支持，特别感谢编辑 Aman Singh 和 Tejas Limkar 为图书的按时交付所付出的努力。我还要感谢所有的审稿者，他们的反馈帮助我们改进了这本书。

关于译者

王洋洋，计算机硕士，狂热的数据爱好者，现为云网络安全领域大数据工程师，熟悉多种编程语言、大数据技术、机器学习算法和设计模式等，对自然语言处理也颇感兴趣，曾翻译《R 图形化数据分析》一书。

关于英文版审稿人

Vahid Mirjalili 是一名软件工程师和数据科学家，目前在密歇根州立大学攻读计算机科学博士学位。他在 i-PRoBE 的研究涉及大数据集人脸图像的属性分类。他还教授 Python 编程以及数据分析和数据库的课程。他在数据挖掘方面颇具专长，对预测建模和从数据中获得洞察力非常感兴趣。他也是一名 Python 开发人员，喜欢为开源社区贡献力量。

关于中文版审稿人

冯健，毕业于美国伊利诺伊大学香槟分校（UIUC），获得计算机科学与数学学位，成绩优异，曾获院长嘉许。留美期间供职于知名科技企业，目前从事以大数据和预测为主的人工智能相关技术的研究与开发工作。微信号：ericstar303。

资源与支持

本书由异步社区出品，社区（https://www.epubit.com/）为您提供相关资源和后续服务。

配套资源

本书提供如下资源：

- 本书源代码；
- 书中彩图文件。

要获得以上配套资源，请在异步社区本书页面中单击 配套资源 ，跳转到下载界面，按提示进行操作即可。注意：为保证购书读者的权益，该操作会给出相关提示，要求输入提取码进行验证。

提交勘误

作者和编辑尽最大努力来确保书中内容的准确性，但难免会存在疏漏。欢迎您将发现的问题反馈给我们，帮助我们提升图书的质量。

当您发现错误时，请登录异步社区，按书名搜索，进入本书页面，单击“提交勘误”，输入勘误信息，单击“提交”按钮即可，如右图所示。本书的作者和编辑会对您提交的勘误进行审核，确认并接受后，您将获赠异步社区的100积分。积分可用于在异步社区兑换优惠券、样书或奖品。

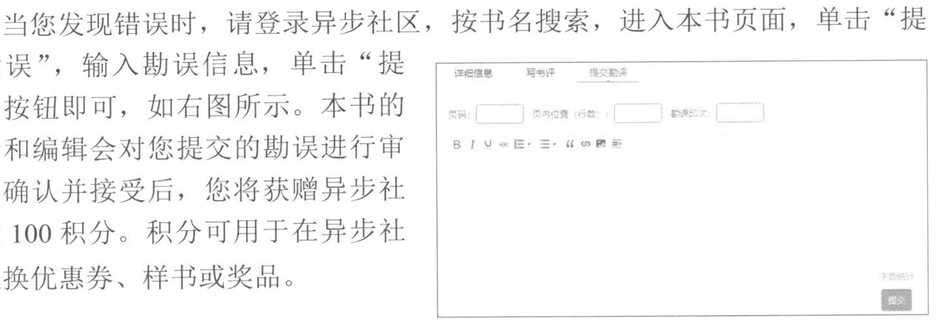

扫码关注本书

扫描下方二维码，您将会在异步社区微信服务号中看到本书信息及相关的服务提示。

与我们联系

我们的联系邮箱是 contact@epubit.com.cn。

如果您对本书有任何疑问或建议，请您发邮件给我们，并请在邮件标题中注明本书书名，以便我们更高效地做出反馈。

如果您有兴趣出版图书、录制教学视频，或者参与图书翻译、技术审校等工作，可以发邮件给我们；有意出版图书的作者也可以到异步社区在线提交投稿（直接访问 www.epubit.com/selfpublish/submission 即可）。

如果您是学校、培训机构或企业用户，想批量购买本书或异步社区出版的其他图书，也可以发邮件给我们。

如果您在网上发现有针对异步社区出品图书的各种形式的盗版行为，包括对图书全部或部分内容的非授权传播，请您将怀疑有侵权行为的链接发邮件给我们。您的这一举动是对作者权益的保护，也是我们持续为您提供有价值的内容的动力之源。

关于异步社区和异步图书

“异步社区”是人民邮电出版社旗下 IT 专业图书社区，致力于出版精品 IT 技术图书和相关学习产品，为作译者提供优质出版服务。异步社区创办于 2015 年 8 月，提供大量精品 IT 技术图书和电子书，以及高品质技术文章和视频课程。更多详情请访问异步社区官网 https://www.epubit.com。

“异步图书”是由异步社区编辑团队策划出版的精品 IT 专业图书的品牌，依托于人民邮电出版社近 30 年的计算机图书出版积累和专业编辑团队，相关图书在封面上印有异步图书的 LOGO。异步图书的出版领域包括软件开发、大数据、人工智能、软件测试、前端、网络技术等。

异步社区

微信服务号

目 录

第1章 入门

本章中，我们将介绍如下主题：

- 安装 R 及其 IDE；
- 安装 Jupyter Notebook 应用；
- 从 R 机器学习基础开始；
- 在 R 中安装深度学习的工具或包；
- 在 R 中安装 MXNet；
- 在 R 中安装 TensorFlow；
- 在 R 中安装 H2O；
- 使用 Docker 一次安装所有 3 个包。

1.1 介绍

本章将带你入门深度学习，帮助你搭建系统，以开发深度学习模型。本章更侧重于让读者了解本书的内容以及通读本书所需的先决条件。本书适用于想快速建立深度学习应用背景的学生或专业人士。本书强调实用，以应用为中心，使用 R 作为构建深度学习模型的工具。

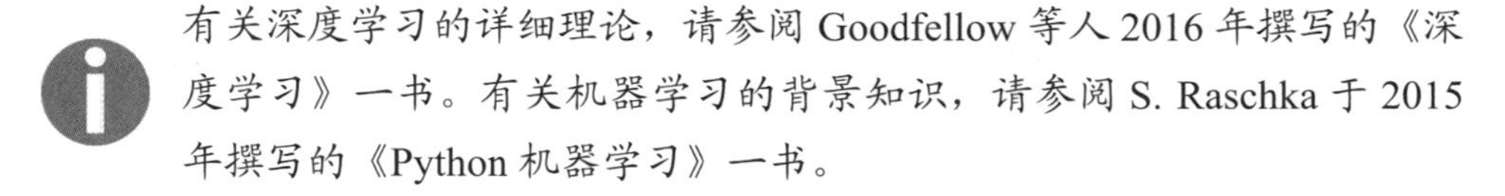

有关深度学习的详细理论，请参阅 Goodfellow 等人 2016 年撰写的《深度学习》一书。有关机器学习的背景知识，请参阅 S. Raschka 于 2015 年撰写的《Python 机器学习》一书。

我们将使用 R 编程语言来演示深度学习应用。贯穿本书，期望你有以下预备知识：

- 基础的 R 编程知识；
- 对 Linux 有基本的理解，我们将使用 Ubuntu（16.04）操作系统；

- 对机器学习的概念有所理解；
- 对 Windows 或者 macOS 平台上的 Docker 基本理解。

1.2 安装 R 及其 IDE

在开始之前，让我们给 R 安装一个 IDE 环境。对于 R，比较受欢迎的 IDE 环境是 Rstudio 和 Jupyter。Rstudio 一直致力于 R 语言的应用，而 Jupyter 提供多语言的支持，其中包括 R 语言。Jupyter 也提供交互式的环境，并允许你将代码、文本和图形组合到一个笔记本中。

1.2.1 准备

R 支持多种操作系统，比如 Windows、macOS 和 Linux。从综合 R 归档网络（Comprehensive R Archive Network，CRAN）的任意镜像网站，我们可以下载 R 安装文件。CRAN 也是 R 中包的主要仓库。R 编程语言在 32 位和 64 位架构下均可用。

1.2.2 怎么做

1．强烈建议使用 R 基础开发包（r-base-dev），因为它有很多内置的功能。它也支持 install.packages() 命令。该命令可使用 R 控制台编译并安装来自 CRAN 的 R 包。默认的 R 控制台如图 1-1 所示。

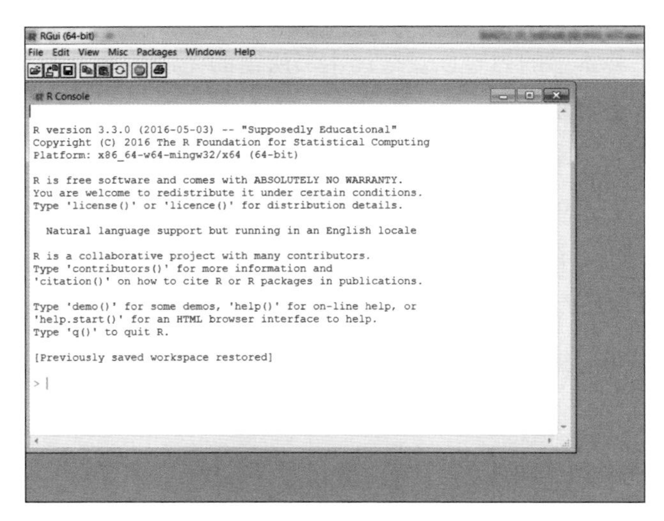

图 1-1

2．为了便于编程，推荐使用集成开发环境（IDE），因为它有助于提高生产力。用于 R 的比较流行的开源 IDE 是 Rstudio。Rstudio 还为你提供一个 Rstudio 服务器，有助于基于 Web 的环境进行 R 编程。Rstudio 集成开发环境界面如图 1-2 所示。

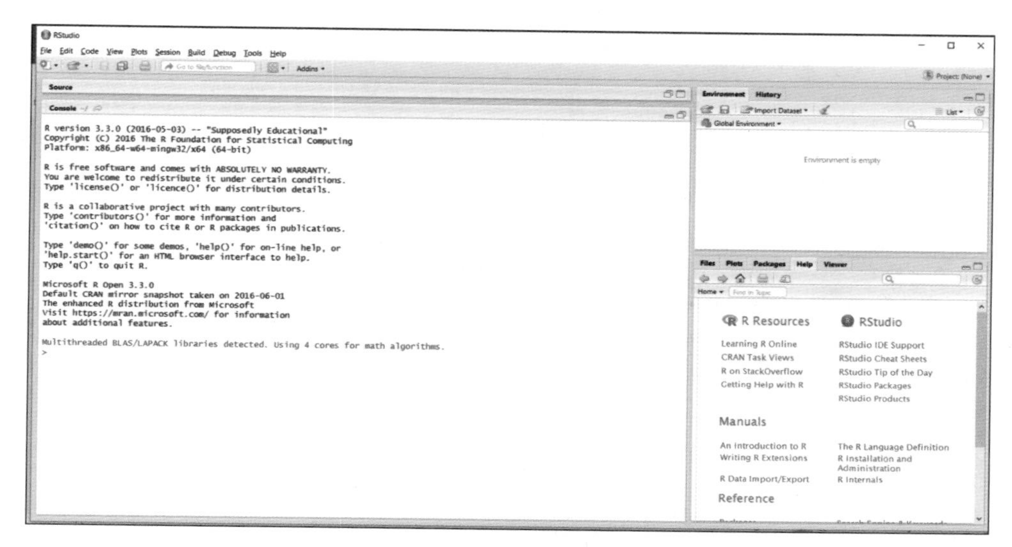

图 1-2

1.3 安装 Jupyter Notebook 应用

目前比较著名的编辑器还有 Jupyter Notebook。该应用能生成笔记本（notebook）文件，可将文档、代码和分析结合在一起。Jupyter Notebook 支持很多计算内核，其中包括 R。同时，它也是一个服务器、客户端、可通过浏览器访问的基于网页的应用。

1.3.1 怎么做

通过以下步骤可以安装 Jupyter Notebook。

1．可以使用 pip 安装 Jupyter Notebook：

```
pip3 install --upgrade pip
pip3 install jupyter
```

2. 如果你已经安装了 Anaconda，那么安装的默认的计算内核是 Python。要在同一个环境中的 Jupyter 中安装一个 R 计算内核，请在终端中键入输下命令：

```
conda install -c r r-essentials
```

3. 为了在 conda 内名为 new-env 的新环境中安装 R 的计算内核，请输入如下命令：

```
conda create -n new-env -c r r-essentials
```

4. 另一种在 Jupyter Notebook 中包含 R 计算内核的方法是使用 IRkernel 包。要通过此过程安装，请启动 R 集成开发环境。第一步是安装 IRkernel 所需的依赖项：

```
chooseCRANmirror(ind=55) # 选择安装镜像
install.packages(c('repr', 'IRdisplay', 'crayon', 'pbdZMQ',
'devtools'), dependencies=TRUE)
```

5. 从 CRAN 安装所有的依赖项后，就可以从 GitHub 安装 IRkernel 软件包了。

```
library(devtools)
library(methods)
options(repos=c(CRAN='https://cran.rstudio.com'))
devtools::install_github('IRkernel/IRkernel')
```

6. 一旦满足所有的要求，使用如下脚本，就可在 Jupyter Notebook 中安装 R 计算内核：

```
library(IRkernel)
IRkernel::installspec(name = 'ir32', displayname = 'R 3.2')
```

7. 可以通过打开 Shell 或者终端启动 Jupyter Notebook。执行以下命令在浏览器中打开 Jupyter Notebook 界面，如图 1-3 所示。

```
jupyter notebook
```

图 1-3

1.3.2　更多内容

与本书使用的大多数软件包一样，大多数操作系统支持 R。另外，你还可以使用 Docker 或 VirtualBox 来配置一个和本书中使用相似的工作环境。

关于 Docker 的安装和配置信息，请参考 Docker 官方网站并选择适合你的操作系统的 Docker 镜像。同样，你也可以在 VirtualBox 官方网站下载 VirtualBox 的二进制文件。

1.4　从 R 机器学习基础开始

深度学习是机器学习的分支，它是受人脑结构和功能启发的。近年来，深度学习获得了很多关注，主要是因为更高的计算能力、更大的数据集、更好的具有（人工）智能学习能力的算法，以及对数据驱动的洞察力更具好奇心。在深入了解深度学习细节之前，我们先了解机器学习的一些基本概念（这些概念构成了大多数分析解决方案的基础）。

机器学习是开发算法的一个领域，这些算法能够从数据中挖掘出自然模式，从而使用预测性的洞察力做出更好的决策。从医学诊断（使用计算生物学）到实时股票交易（使用计算金融学），从天气预报到自然语言处理，从预测性维护（在自动化和制造业中）到规定性的建议（电子商务和电子零售）等，这些洞察力在现实世界的应用领域层面都是相关的。

图 1-4 阐明了机器学习的两种主要技术：监督学习和无监督学习。

监督学习：一种基于证据的学习形式。证据是给定输入的已知结果，并反过来用于训练预测模型。根据结果的数据类型，可将模型进一步分为回归和分类，前者的输出是连续的，而后者的输出是离散的。股票交易和天气预报是一些广泛应用的回归模型，而跨度检测、语音识别和图像分类是一些广泛应用的分类模型。

一些典型的回归算法有线性回归、广义线性模型（Generalized Linear Model，GLM）、支持向量回归（Support Vector Regression，SVR）、神经网络、决策树（Decision Tree）等；而分类方面的算法，则有逻辑回归、支持向量机（Support Vector Machine，SVM）、线性判别分析（Linear Discriminant Analysis，LDA）、

朴素贝叶斯（Naïve Bayes）、最近邻算法（Nearest Neighbor）等。

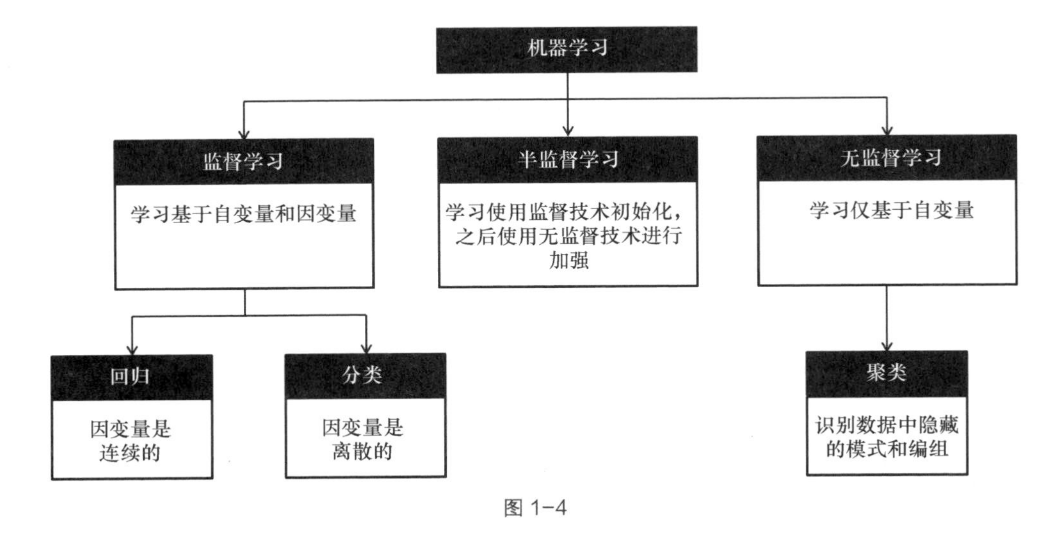

图 1-4

半监督学习：一类使用无监督技术的监督学习。相对于获取和分析无标签数据的成本，标注整个数据集的成本是非常不切实际的，在该情况下，半监督学习技术是非常有用的。

无监督学习：顾名思义，就是从没有结果（或监督）的数据中学习。它是一种基于给定数据中隐藏模式和内在分组的推理学习形式，其应用包括市场模式识别、遗传聚类等。一些广泛使用的聚类算法有K均值（K-means）、分层（Hierarchical）、K中心点（K-medoids）、模糊C均值（Fuzzy C-means）、隐马尔可夫（Hidden Markov）、神经网络（Neural Network）等。

1.4.1　怎么做

我们来看看监督学习中的线性回归。

1. 我们从一个线性回归的简单例子开始。在这个例子中，我们需要确定男性身高（单位为cm）和体重（单位为kg）之间的关系。下面的样本数据代表10个随机男性的身高和体重：

```
data <- data.frame("height" = c(131, 154, 120, 166, 108, 115,
158, 144, 131, 112),
```

```
"weight" = c(54, 70, 47, 79, 36, 48, 65, 63, 54, 40))
```

2．现在，生成一个线性回归模型。

```
lm_model <- lm(weight ~ height, data)
```

3．图 1-5 显示了男性的身高和体重与拟合线之间的关系。

```
plot(data, col = "red", main = "Relationship between height and
weight",cex = 1.7, pch = 1, xlab = "Height in cms", ylab = "Weight in kgs")
abline(lm(weight ~ height, data))
```

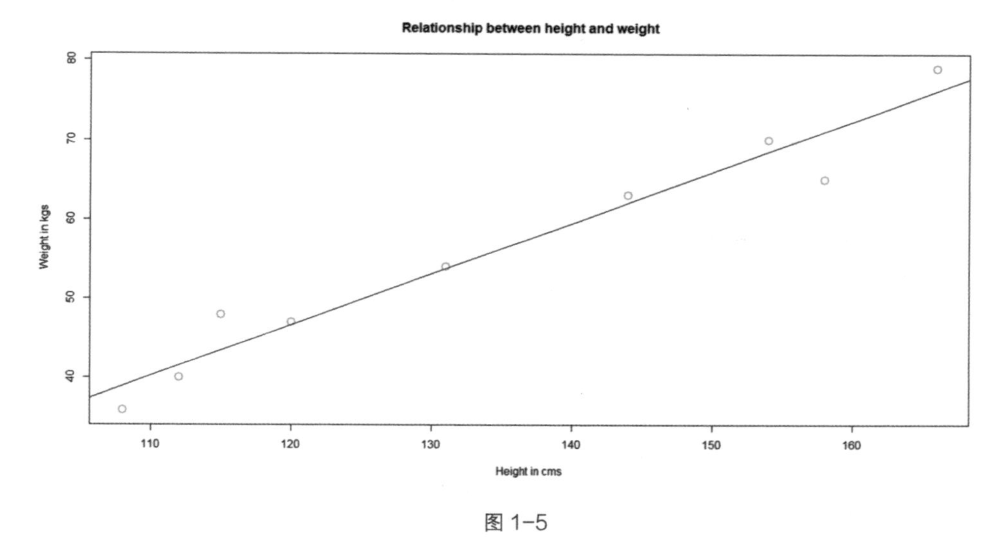

图 1-5

4．在半监督模型中，学习主要是从使用有标签数据开始，然后使用未标记数据进行扩充（一般来说数量较大）。

我们对一个广泛使用的数据集 iris 进行 K 均值聚类分析（无监督学习）。

1．该数据集由 3 个不同种类的鸢尾属植物（setosa、versicolor 和 virginica）及其不同的特征组成，如萼片长度和萼片宽度、花瓣长度和花瓣宽度：

```
data(iris)
head(iris)
Sepal.Length Sepal.Width Petal.Length Petal.Width Species
1 5.1 3.5 1.4 0.2 setosa
2 4.9 3.0 1.4 0.2 setosa
3 4.7 3.2 1.3 0.2 setosa
4 4.6 3.1 1.5 0.2 setosa
```

```
5 5.0 3.6 1.4 0.2 setosa
6 5.4 3.9 1.7 0.4 setosa
```

2．图1-6显示鸢尾属植物间特征的变化，花瓣特征随着萼片特征显示出明显的变化。

```
library(ggplot2)
library(gridExtra)
plot1 <- ggplot(iris, aes(Sepal.Length, Sepal.Width, color =
Species))
  geom_point(size = 2)
  ggtitle("Variation by Sepal features")
plot2 <- ggplot(iris, aes(Petal.Length, Petal.Width, color =
  Species))
   geom_point(size = 2)
   ggtitle("Variation by Petal features")
grid.arrange(plot1, plot2, ncol=2)
```

图1-6

3．由于鸢尾花的花瓣特征有很好的变化，因此我们使用花瓣长度和花瓣宽度进行K均值聚类分析：

```
set.seed(1234567)
iris.cluster <- kmeans(iris[, c("Petal.Length","Petal.Width")],
 3, nstart = 10)
```

```
iris.cluster$cluster <- as.factor(iris.cluster$cluster)
```

4．以下代码片段显示了聚类和物种（鸢尾花）之间的交叉表。我们可以看到，第1组主要是setosa，第2组是versicolor，第3组是virginica：

```
> table(cluster=iris.cluster$cluster,species= iris$Species)
species
cluster setosa versicolor virginica
1 50 0 0
2 0 48 4
3 0 2 46
ggplot(iris, aes(Petal.Length, Petal.Width, color =
iris.cluster$cluster)) + geom_point() + ggtitle("Variation by
Clusters")
```

5．图1-7显示了聚类分布。

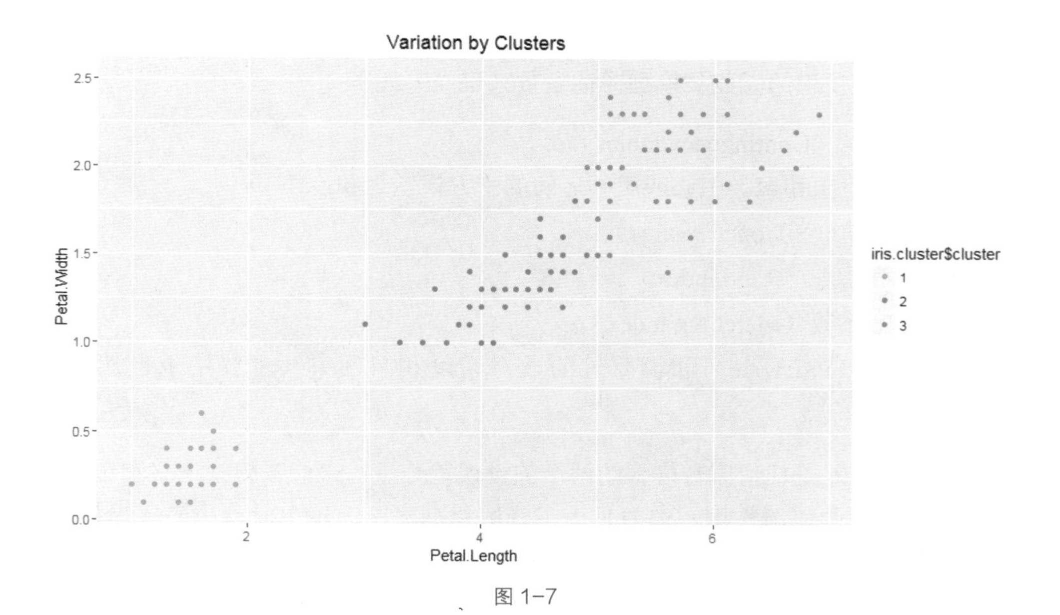

图 1-7

1.4.2 工作原理

模型评估是任何机器学习过程中的关键步骤，对于监督学习和无监督学习是不同的。在监督学习模型中，预测扮演了主要角色；然而在无监督学习模型中，聚类内的同质性和聚类间的异质性起主要作用。

对于回归模型（包括交叉验证），一些广泛使用的模型评估参数如下：

- 决定系数；
- 均方根误差；
- 平均绝对误差；
- 赤池（Akaike）或贝叶斯（Bayesian）信息量标准。

对于分类模型（包括交叉验证），一些广泛使用的模型评估参数如下：

- 混淆矩阵（准确度、精确度、召回率和 F1 分数）；
- 增益或提升图；
- 受试者工作特征（Receiver Operating Characteristic，ROC）曲线下面积；
- 一致和不一致的比例。

一些广泛使用的无监督模型评估参数（聚类）如下：

- 列联表（Contingency tables）；
- 聚类对象和聚类中心或质心之间的平方误差之和；
- 轮廓值（Silhouette value）；
- 兰德系数（Rand index）；
- 匹配系数（Matching index）；
- 成对（Pairwise）和调整过的成对精度和召回率（主要用于自然语言处理）。

偏差和方差是任何监督模型的两个关键误差分量；它们在模型调整和选择中起着至关重要的权衡作用。偏差是由于预测模型在学习结果时做出的错误假设，而方差是由于模型对训练数据集的刚性所致。换言之，较高的偏差会导致模型不合适，较高的方差会导致模型过度拟合。

在偏差中，假设是针对目标函数形式的。因此，偏差在线性回归、逻辑回归和线性判别分析等参数模型中占主导地位，因为它们的结果是输入变量的函数形式。

另外，方差显示了易受影响的模型在数据集中的变化情况。一般来说，目标函数形式控制方差。因此，方差在决策树、支持向量机和 K 最近邻等非参数模型中占主导地位，因为它们的结果不直接是输入变量的函数形式。换言之，非参数模型的超参数可能导致预测模型的过拟合。

1.5　在 R 中安装深度学习的工具 / 包

为了提高效率，主要的深度学习包是用 C/C++ 开发的，而且为了高效率地开发、扩展并执行深度学习模型，封装包是用 R 开发的。

许多开源的深度学习库是可用的。该领域常用的库如下：

- Theano；
- TensorFlow；
- Torch；
- Caffe。

市场上还有其他功能突出的软件包，如 H2O、微软认知工具包（CNTK）、darch、Mocha 和 ConvNetJS。

有大量围绕这些软件包开发的封装包，以支持深度学习模型的简单开发，比如 Keras、Python 语言的 Lasagne 和 MXNet 都支持多种语言。

下面介绍 MXNet、TensorFlow 包（用 C++ 语言和 CUDA 开发，在 GPU 中可实现高度优化的性能）以及 H2O 软件包的使用。H2O 软件包可开发一些深度学习模型，在 R 中 H2O 包实现为 REST API，而 REST API 连接到 H2O 服务器（作为 Java 虚拟机运行）。我们将提供这些软件包的快速安装说明。

1.6　在 R 中安装 MXNet

本节将介绍如何在 R 中安装 MXNet。

1.6.1　做好准备

MXNet 包是一个轻量级的深度学习框架，支持多种编程语言，如 R、Python 和 Julia。从编程的角度来看，它是符号和命令式编程的结合，支持 CPU 和 GPU。

R 中基于 CPU 的 MXNet 可以使用预编译的二进制包或需要构建库的源代码进行安装。在 Windows / Mac 中，可以下载预编译的二进制包并直接从 R 控制台安装。MXNet 要求 R 版本为 3.2.0 或更高版本。安装 MXNet 需要 CRAN 的 drat 包。drat 包帮助维护 R 仓库，且可通过 install.packages() 命令安装 drat 包。

要在 Linux（13.10 或更高版本）上安装 MXNet，以下是一些依赖关系：

- Git（为了从 GitHub 获取代码）；
- libatlas-base-dev（执行线性代数运算）；
- libopencv-dev （执行计算机视觉操作）。

要安装支持 GPU 处理器的 MXNet，以下是一些依赖关系：

- Microsoft Visual Studio 2013；
- NVIDIA CUDA 工具包；
- MXNet 包；
- cuDNN（提供一个深度的神经网络库）。

安装 MXNet 和其所有依赖的一种快速方法是使用 chstone 存储库中预先构建的 Docker 镜像。Docker 镜像 chstone/mxnet-gpu 将使用以下工具进行安装：

- 适用于 R 和 Python 的 MXNet；
- Ubuntu 16.04；
- CUDA（对于 GPU，可选）；
- cuDNN（对于 GPU，可选）。

1.6.2 怎么做

1．下面的 R 命令使用预先构建的二进制软件包安装 MXNet，非常简单。然后使用 drat 包从 git 中添加 dmlc 存储库，随后安装 MXNet：

```
install.packages("drat", repos="https://cran.rstudio.com")
drat:::addRepo("dmlc")
install.packages("mxnet")
```

2．以下代码帮助在 Ubuntu（V16.04）中安装 MXNet。前两行用来安装依赖，且其他行用来安装 MXNet，但要满足所有依赖关系：

```
sudo apt-get update
sudo apt-get install -y build-essential git libatlas-base-dev
libopencv-dev
git clone https://github.com/dmlc/mxnet.git ~/mxnet --recursive
cd ~/mxnet
cp make/config.mk
echo "USE_BLAS=openblas" >>config.mk
make -j$(nproc)
```

3. 如果要为 GPU 构建 MXNet，则在 make 命令之前需要更新以下配置：

```
echo "USE_CUDA=1" >>config.mk
echo "USE_CUDA_PATH=/usr/local/cuda" >>config.mk
echo "USE_CUDNN=1" >>config.mk
```

对于其他操作系统，MXNet 的详细安装步骤可以在 http://mxnet.io/get_started/setup.html 中查找。

4. 以下命令用于使用 Docker 安装 MXNet（基于 GPU）及所有依赖：

```
docker pull chstone/mxnet-gpu
```

1.7 在 R 中安装 TensorFlow

本节介绍另一个非常受欢迎的开源机器学习软件包 TensorFlow。TensorFlow 在构建深度学习模型方面非常有效。

1.7.1 做好准备

TensorFlow 是 Google Brain Team 开发的另一个开源库，用数据流图建立数值计算模型。TensorFlow 的核心是用 C++ 开发的，其封装是用 Python 开发的。R 中的 TensorFlow 软件包可以使你访问由 Python 模块组成的 TensorFlow API 来执行计算模型。TensorFlow 支持基于 CPU 和 GPU 的计算。

R 中的 TensorFlow 软件包调用 Python TensorFlow API 来执行，以使 R 正常工作。在 R 和 Python 中安装 TensorFlow 软件包是必要的。以下为 TensorFlow 的依赖：

- Python 2.7 / 3.x；
- R（>3.2）；

- R 中的 devtools 包，用于从 GitHub 安装 TensorFlow；
- Python 语言的 TensorFlow；
- pip。

1.7.2 怎么做

1．一旦安装了所有指定的依赖项，就可以直接使用 install_github 命令从 devtools 安装 TensorFlow：

```
devtools::install_github("rstudio/tensorflow")
```

2．在 R 中加载 TensorFlow 之前，需要将 Python 的路径设置为系统环境变量。这可以直接在 R 环境中完成，如以下命令所示：

```
Sys.setenv(TENSORFLOW_PYTHON="/usr/bin/python")
library(tensorflow)
```

如果 Python 语言的 TensorFlow 模块没有安装，那么 R 会出现如图 1-8 所示的错误。

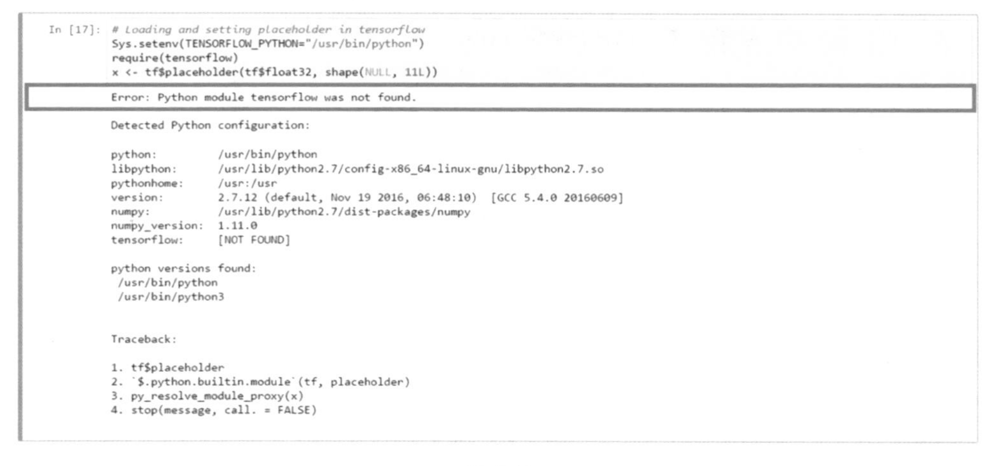

图 1-8

Python 语言的 TensorFlow 可以使用 pip 安装：

```
pip install tensorflow # 没有 GPU 支持的 Python 2.7 版本
pip3 install tensorflow # 没有 GPU 支持的 Python 3.x 版本
pip install tensorflow-gpu # 有 GPU 支持的 Python 2.7 版本
pip3 install tensorflow-gpu # 有 GPU 支持的 Python 3.x 版本
```

1.7.3 工作原理

TensorFlow 遵循有向图哲学来建立计算模型，其中数学运算被表示为节点，每个节点支持多个输入和输出，而边代表节点之间的数据通信。TensorFlow 中还有一些称为控制依赖的边，它们不代表数据流，可以说是提供和控制依赖相关的信息，如控制依赖的节点必须在控制依赖的目标节点开始执行之前完成处理。

关于逻辑回归评估的 TensorFlow 图示例如图 1-9 所示。

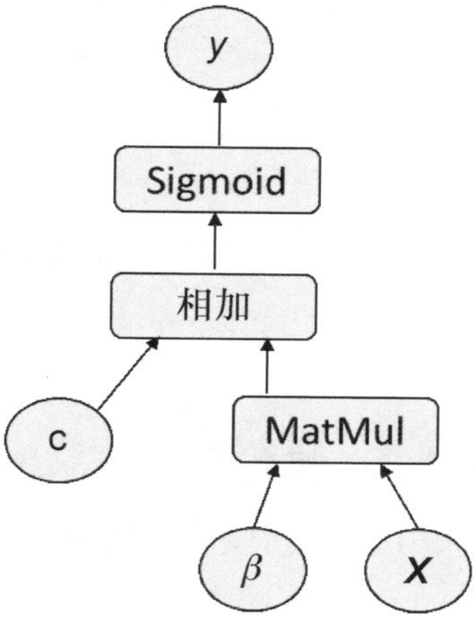

图 1-9 举例说明了 TensorFlow 图用优化的权重评估逻辑回归：

$$y = \frac{1}{1 + \mathrm{e}^{-(\beta \boldsymbol{X} + \mathrm{C})}}$$

图 1-9

MatMul 节点对输入特征矩阵 $\boldsymbol{X}$ 与优化权重 β 进行矩阵乘法运算。然后将常量 C 和 MatMul 节点的输出相加。然后使用 Sigmoid 函数将相加的输出转换为最终的输出 $\Pr(y = 1 \mid \boldsymbol{X})$。

1.8 在 R 中安装 H2O

H2O 是构建机器学习模型的另一个非常流行的开源库。它是由 H2O.ai 开发的，且支持多种语言，包括 R 和 Python。H2O 包是一个为分布式环境开发的多用途机器学习库，用于运行大数据算法。

1.8.1 做好准备

要安装 H2O，需要以下系统：

- 64 位 Java 运行时环境（版本 1.6 或更新的版本）；
- RAM 至少需要 2GB。

R 中的 H2O 可以使用 H2O 软件包调用，H2O 软件包具有以下依赖：

- Rcurl；
- rjson；
- statmod；
- survival；
- stats；
- tools；
- utils；
- methods。

对于没有安装 curl-config 的机器，在 R 中 RCurl 依赖的安装将失败，需要在 R 之外安装 curl-config。

1.8.2 怎么做

1．从 CRAN 可以直接安装 H2O，通过依赖参数 TRUE 安装所有 CRAN 相关的 H2O 依赖。该命令将安装 H2O 软件包所需的所有 R 依赖：

```
install.packages("h2o", dependencies = T)
```

2．以下命令用于在当前 R 环境中调用 H2O 软件包。在启动 H2O 之前，首次执行 H2O 软件包将自动下载 JAR 文件，如图 1-10 所示。

```
library(h2o)
localH2O = h2o.init()
```

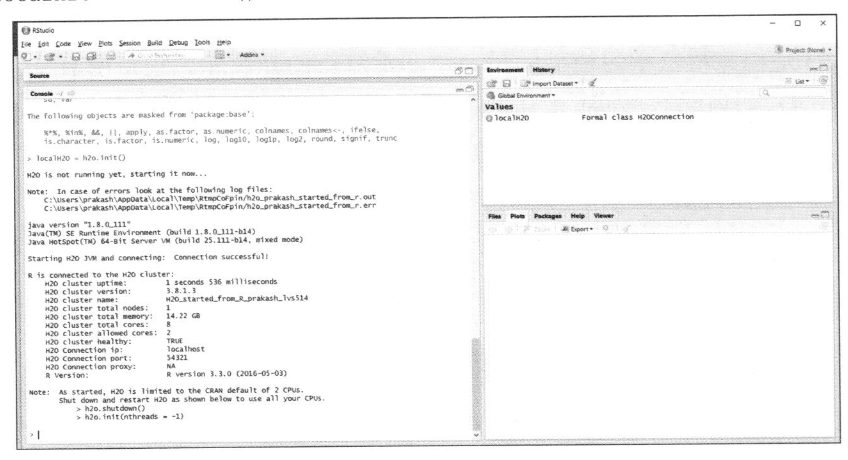

图 1-10

3．使用集群 IP 和端口信息可以访问 H2O 集群。当前的 H2O 集群在本地主机的端口 54321 上运行，如图 1-11 所示。

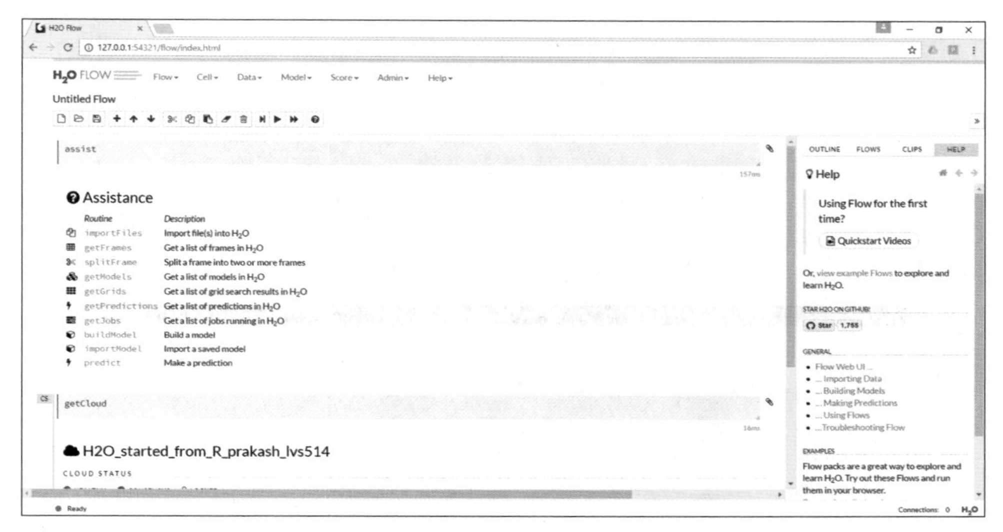

图 1-11

H2O 中的模型可以使用 R 的浏览器或脚本交互开发。H2O 建模就像创建 Jupyter Notebook 一样，但是你可以创建一个具有不同操作的流程，例如导入数据、拆分数据、建立模型和评估。

1.8.3 工作原理

我们使用 H2O 浏览器交互式地构建一个逻辑回归。

1．创建一个新的流程，如图 1-12 所示。

2．使用数据（Data）菜单导入数据集，如图 1-13 所示。

3．使用解析这些文件（Parse these files）操作，可将导入 H2O 中的文件解析为十六进制格式（H2O 的本机文件格式）。一旦将文件导入 H2O 环境，这就会发生，如图 1-14 所示。

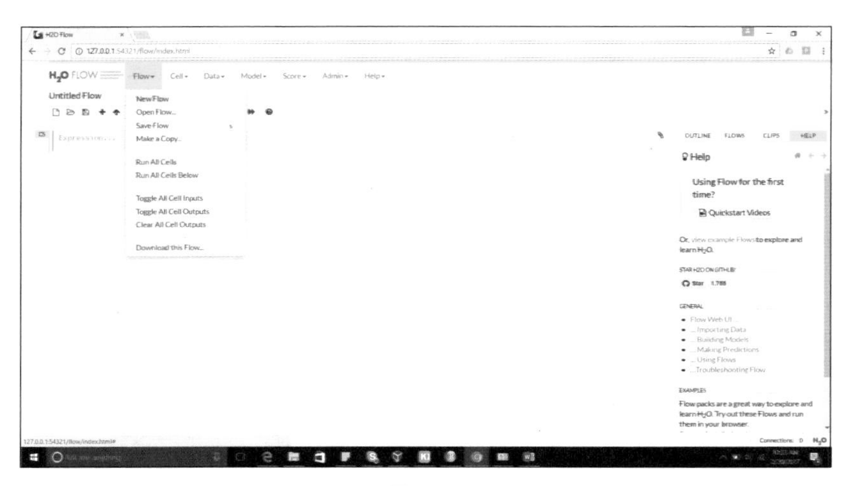

图 1-12

图 1-13

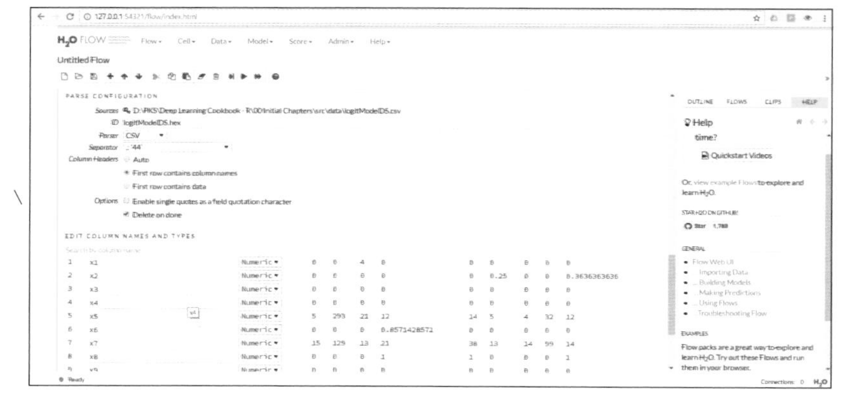

图 1-14

4．在 H2O 中，解析过的数据帧可以使用数据 | 拆分帧（Data | Split Frame）操作分解为训练数据帧和测试数据帧，如图 1-15 所示。

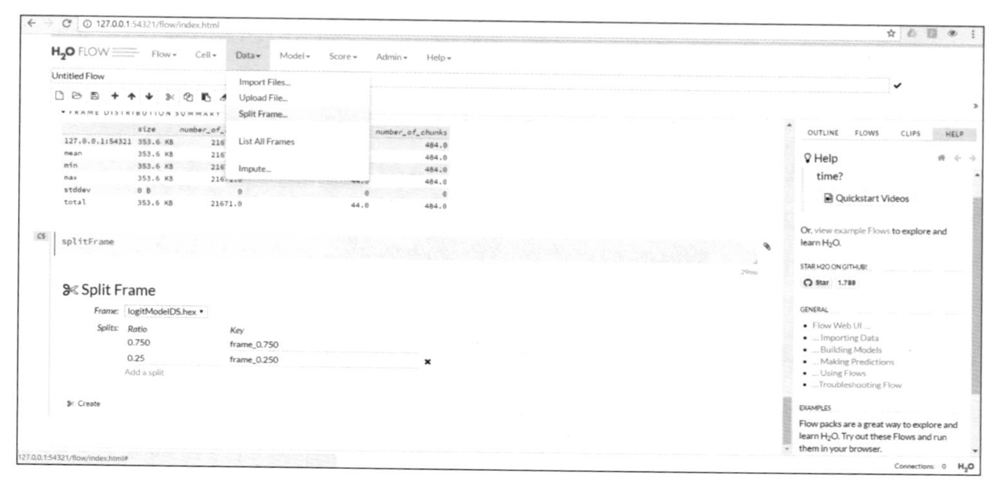

图 1-15

5．从模型（Model）菜单中选择模型，并设置与模型相关的参数。从图 1-16 中可以看到一个广义线性模型的例子。

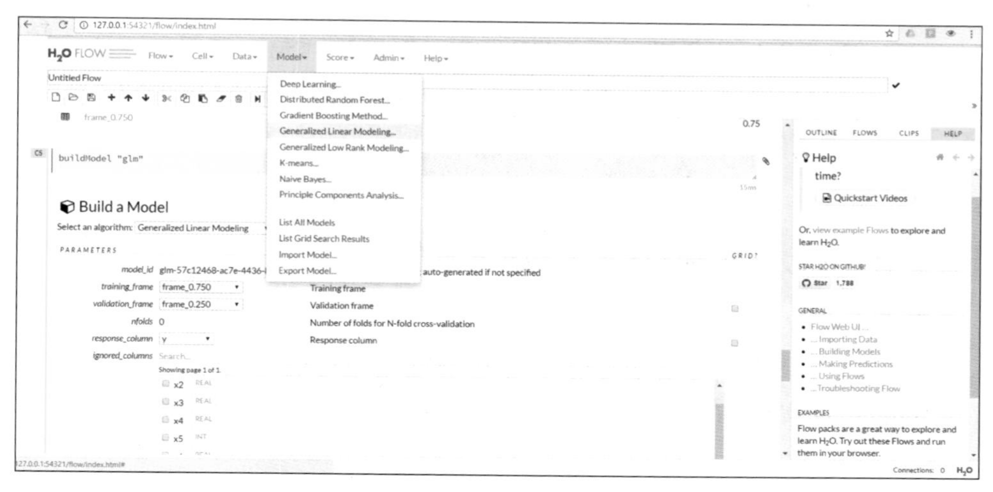

图 1-16

6．使用评估 | 预测（Score | Predict）操作可以评估 H2O 中另一个十六进制数据帧，如图 1-17 所示。

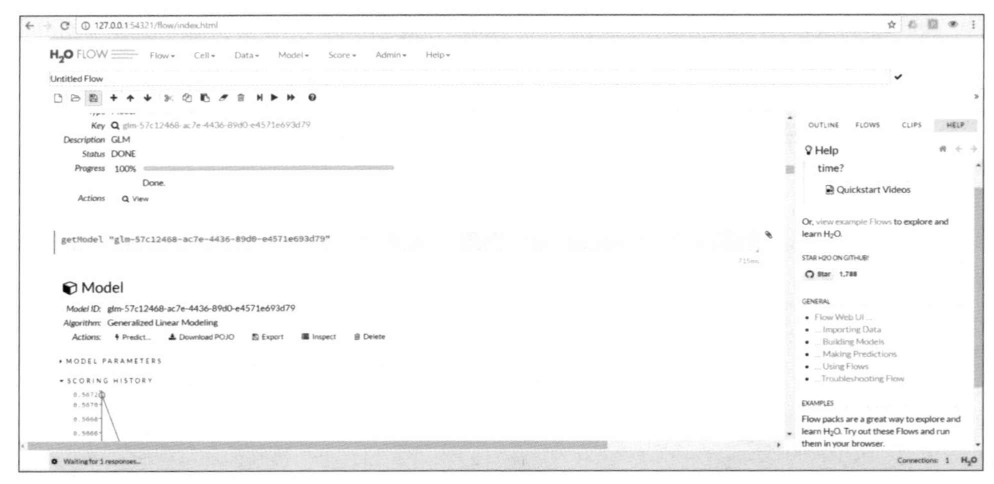

图 1-17

1.8.4　更多内容

对于更复杂的涉及大量预处理的场景，可以从 R 中直接调用 H2O。本书将更多地关注从 R 直接使用 H2O 构建模型。如果 H2O 安装在不同的位置而不是本地主机，那么通过定义集群运行在正确的 IP 和端口，可以在 R 中连接到该集群：

```
localH2O = h2o.init(ip = "localhost", port = 54321, nthreads = -1)
```

另一个关键参数是用于构建模型的线程数量。默认情况下，nthreads 被设置为 -2，意味着将使用两个核。nthreads 值为 -1 时将利用所有可用的核。

1.9　使用 Docker 一次安装 3 个包

Docker 是一个容器软件的平台，被用来将多个软件或应用程序并行托管在孤立的容器中，以获得更好的计算密度。与虚拟机不同，容器只需要任何软件所需的库和配置来构建，而且不和整个操作系统捆绑，因此使其变得轻量和高效。

1.9.1　做好准备

根据所使用的操作系统，安装所有 3 个软件包可能非常麻烦。下面的 dockerfile 代码可以用来搭建一个安装了 TensorFlow，支持 GPU 的 MXNet、H2O

以及安装了所有依赖的环境：

```
FROM chstone/mxnet-gpu:latest
MAINTAINER PKS Prakash <prakash5801>


# 安装依赖
RUN apt-get update && apt-get install -y
 python2.7
 python-pip
 python-dev
 ipython
 ipython-notebook
 python-pip
 default-jre


# 安装 pip 和 Jupyter Notebook
RUN pip install --upgrade pip &&
 pip install jupyter

# 将 R 添加到 Jupyter 内核
RUN Rscript -e "install.packages(c('repr', 'IRdisplay', 'crayon',
'pbdZMQ'), dependencies=TRUE, repos='https://cran.rstudio.com')" &&
 Rscript -e "library(devtools); library(methods);
options(repos=c(CRAN='https://cran.rstudio.com'));
devtools::install_github('IRkernel/IRkernel')" &&
 Rscript -e "library(IRkernel); IRkernel::installspec(name = 'ir32',
displayname = 'R 3.2')"

# 安装 H2O
RUN Rscript -e "install.packages('h2o', dependencies=TRUE,
repos='http://cran.rstudio.com')"

# 安装 tensorflow 修复代理端口
RUN pip install tensorflow-gpu
RUN Rscript -e "library(devtools);
devtools::install_github('rstudio/tensorflow')"
```

当前镜像是在 Docker 镜像 chstone/mxnet-gpu 上创建的。

1.9.2 怎么做

Docker 可以使用以下步骤安装所有依赖项。

1. 将前面的代码保存到一个地方，假设是 Dockerfile。

2. 使用命令行转到文件所在位置，并执行以下命令，结果如图 1-18 所示。

```
docker run -t "TagName:FILENAME"
```

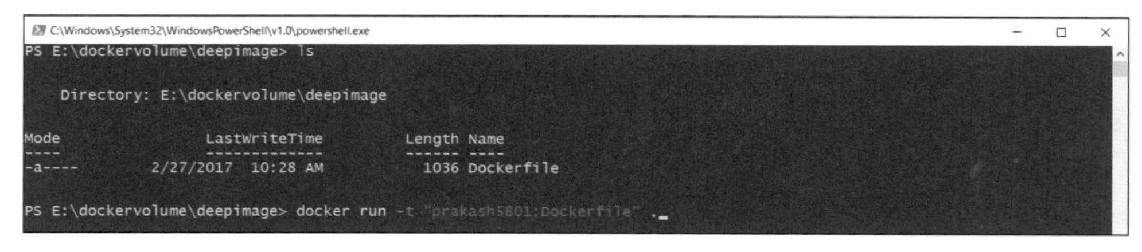

图 1-18

3. 使用 docker images 命令访问镜像，如图 1-19 所示。

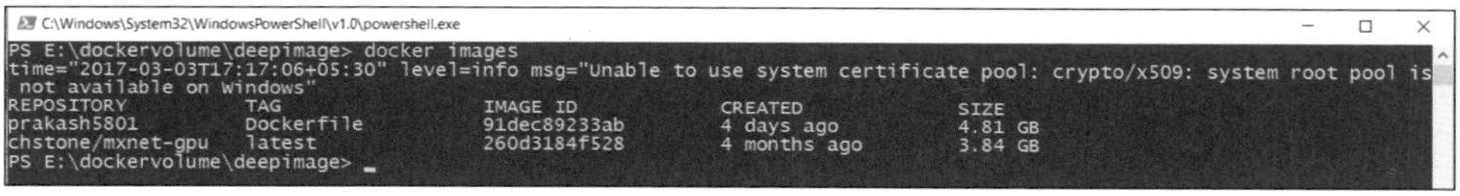

```
C:\Windows\System32\WindowsPowerShell\v1.0\powershell.exe
PS E:\dockervolume\deepimage> docker images
time="2017-03-03T17:17:06+05:30" level=info msg="Unable to use system certificate pool: crypto/x509: system root pool is
 not available on Windows"
REPOSITORY           TAG          IMAGE ID       CREATED         SIZE
prakash5801          Dockerfile   91dec89233ab   4 days ago      4.81 GB
chstone/mxnet-gpu    latest       260d3184f528   4 months ago    3.84 GB
PS E:\dockervolume\deepimage> _
```

图 1-19

4. 可以使用以下命令执行 Docker 镜像，结果如图 1-20 所示。

```
docker run -it -p 8888:8888 -p 54321:54321 <<IMAGE ID>>
```

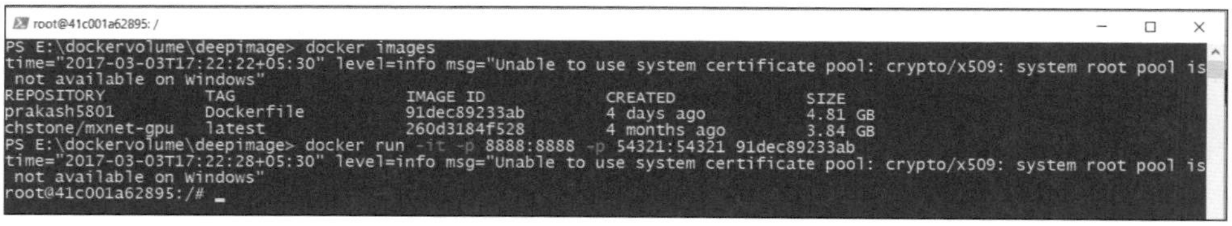

```
root@41c001a62895: /
PS E:\dockervolume\deepimage> docker images
time="2017-03-03T17:22:22+05:30" level=info msg="Unable to use system certificate pool: crypto/x509: system root pool is
 not available on Windows"
REPOSITORY           TAG          IMAGE ID       CREATED         SIZE
prakash5801          Dockerfile   91dec89233ab   4 days ago      4.81 GB
chstone/mxnet-gpu    latest       260d3184f528   4 months ago    3.84 GB
PS E:\dockervolume\deepimage> docker run -it -p 8888:8888 -p 54321:54321 91dec89233ab
time="2017-03-03T17:22:28+05:30" level=info msg="Unable to use system certificate pool: crypto/x509: system root pool is
 not available on Windows"
root@41c001a62895:/# _
```

图 1-20

此处，-i 选项为交互模式，-t 为了分配 --tty。-p 选项用于转发端口。因为我们在端口 8888 上运行 Jupyter，在 54321 上运行 H2O，我们已经将两个端口转为从本地浏览器可访问。

1.9.3　更多内容

更多 Docker 选项可以使用 docker run –help 查看。

第2章 R深度学习

本章的内容为学习神经网络奠定基础，其次是深度学习的基础和趋势。本章将涵盖以下主题：

- 始于逻辑回归；
- 介绍数据集；
- 使用 H2O 执行逻辑回归；
- 使用 TensorFlow 执行逻辑回归；
- 可视化 TensorFlow 图；
- 从多层感知器开始；
- 使用 H2O 建立神经网络；
- 使用 H2O 中的网格搜索调整超参数；
- 使用 MXNet 建立神经网络；
- 使用 TensorFlow 建立神经网络。

2.1 始于逻辑回归

在深入研究神经网络和深度学习模型之前，我们来看一看逻辑回归，它可以被看作是单层神经网络，甚至逻辑回归中通常使用的 Sigmoid 函数也被用作神经网络中的激活函数。

2.1.1 做好准备

逻辑回归是用于二分类 / 序数（离散的顺序）类别分类的监督机器学习方法。

2.1.2　怎么做

逻辑回归作为复杂神经网络模型的一个构建块，使用 Sigmoid 作为激活函数。逻辑函数（或 Sigmoid）可表示如下：

$$y=\frac{1}{1+\mathrm{e}^{-z}}$$

前面的 Sigmoid 函数形成一个连续的曲线，其值为 [0, 1]，如图 2-1 所示。

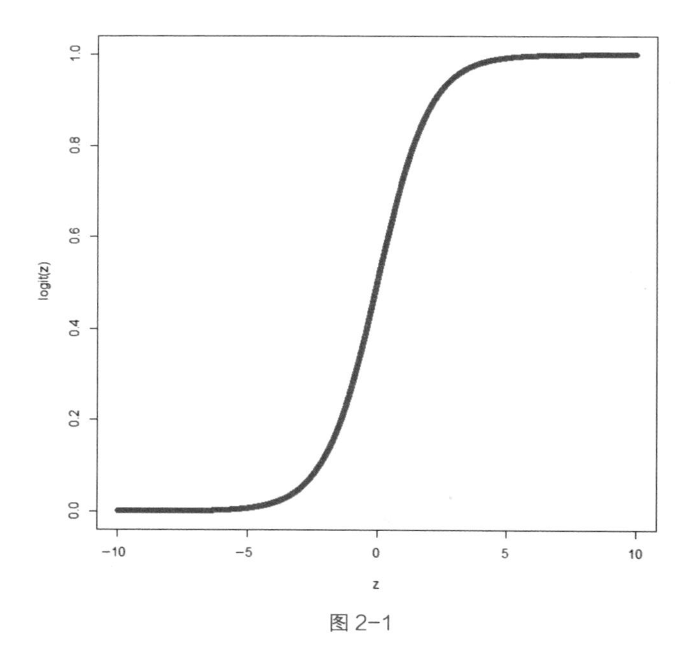

图 2−1

逻辑回归模型的表达式可以写成如下：

$$\Pr(y=1\,|\,\boldsymbol{X})=\frac{1}{1+\mathrm{e}^{-(W^{\mathrm{T}}\boldsymbol{X}+b)}}$$

此处，W 是和 $\boldsymbol{X}$= $[x_1, x_2, \ldots, x_m]$ 特征相关的权重，且 b 是模型的截距，也称为模型偏差。整个目标是针对给定的损失函数（如交叉熵）来优化 W。为了获得$\Pr(y=1\,|\,\boldsymbol{X})$，带 Sigmoid 激活函数的逻辑回归模型的另一种表示如图 2-2 所示。

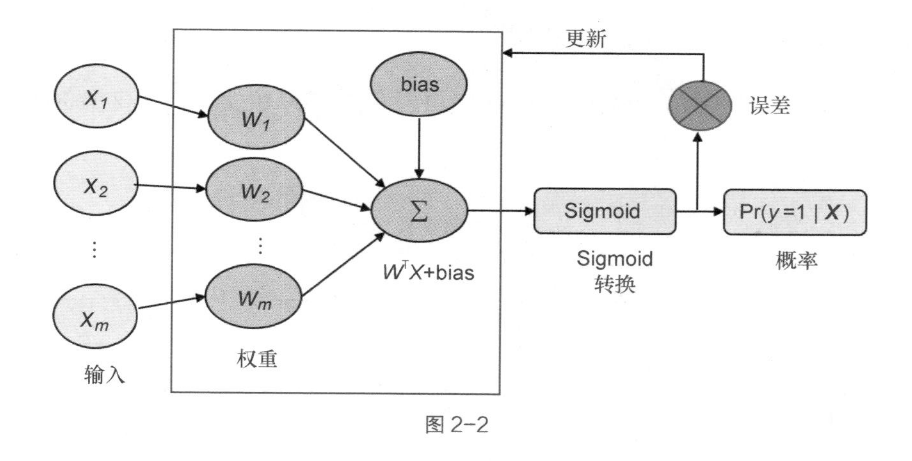

图 2-2

2.2 介绍数据集

本节将展示如何准备用来演示不同模型的数据集。

2.2.1 做好准备

逻辑回归是一个线性分类器，假定自变量和对数概率是线性关系。因此，在独立特征与对数概率呈线性关系的情况下，模型表现非常好。模型中可以包含更高阶的特征来捕捉非线性行为。我们来看看如何使用第 1 章提到的主要深度学习包建立逻辑回归模型。网络必须保持畅通，以便从 UCI 存储库中下载数据集。

2.2.2 怎么做

在本章中，来自 UC Irvine 机器学习库的占用检测（Occupancy Detection）数据集被用于构建逻辑回归和神经网络模型。它是一个主要用于二元分类的实验数据集，根据表 2-1 中描述的多变量预测变量来确定房间是被占用（1）或未被占用（0）。数据集的贡献者是来自 UMONS 的 Luis Candanedo。

在 https://archive.ics.uci.edu/ml/datasets/Occupancy+Detection+ 下载数据集。

有 3 个数据集可以下载，但是我们将使用 datatraining.txt 进行训练 / 交叉验证，并将 datatest.txt 用于测试目的。

数据集有 7 个属性（包括答案占用率），有 20,560 个实例。表 2-1 总结了属性信息。

表 2-1　　数据集属性

属性	描述	特征
日期时间（Date Time）	格式 年 - 月 - 日 时：分：秒	日期
温度（Temperature）	以摄氏度为单位	实数
相对湿度（Relative Humidity）	百分比	实数
光照（Light）	以 Lux 为单位	实数
二氧化碳（CO_2）	以 ppm 为单位	实数
湿度比（Humidity Ratio）	温度和相对湿度的导出量，单位千克水蒸气 / 千克空气	实数
占用（Occupancy）	0 表示未被占用 1 表示被占用	二进制类

2.3 使用 H2O 执行逻辑回归

广义线性模型广泛用于基于回归和分类的预测分析。这些模型使用最大似然来优化且支持更大的数据集良好扩展。在 H2O 中，广义线性模型可以灵活处理 L1 和 L2 惩罚（包括弹性网）。它支持因变量的高斯分布（Gaussian）、二项分布（Binomial）、泊松分布（Poisson）和伽马分布（Gamma）。它在处理分类变量、计算完整正则化和执行分布式 n 重交叉验证以控制模型过拟合方面是有效的。它具有使用分布式网格搜索来优化诸如弹性网络（α）之类的超参数以及处理预测器属性系数的上限和下限的特征。它也可以处理自动缺失值的插补。它使用 Hogwild 方法进行优化，即随机梯度下降的并行版本。

2.3.1 做好准备

第 1 章提供了在 R 中安装 H2O 的详细信息，以及使用其 Web 界面的工作示例。要开始建模，请在 R 环境中加载 H2O 软件包：

```
require(h2o)
```

然后，在 8 个内核上使用 h2o.init() 函数初始化一个单节点 H2O 实例，并在 IP 地址为 localhost 和端口号为 54321 上实例化相应的客户端模块：

```
localH2O = h2o.init(ip = "localhost", port = 54321, startH2O =
TRUE,min_mem_size = "20G",nthreads = 8)
```

H2O 包依赖于 Java JRE。因此，应该在执行初始化命令之前预先安装 Java JRE。

2.3.2 怎么做

本小节将演示使用 H2O 构建广义线性模型的步骤。

1. 现在，在 R 中加载占用的训练和测试数据集：

```
# 加载占用数据
occupancy_train <-
read.csv("C:/occupation_detection/datatraining.txt",stringsAsFactor
s = T)
occupancy_test <-
read.csv("C:/occupation_detection/datatest.txt",stringsAsFactors =
T)
```

2. 以下自变量（*x*）和因变量（*y*）将被用于广义线性模型：

```
# 定义输入变量(x)和输出变量(y)
x = c("Temperature", "Humidity", "Light", "CO2", "HumidityRatio")
y = "Occupancy"
```

3. 根据 H2O 的要求，将因变量转换为以下因子型变量：

```
# 将结果变量转换为因子变量
occupancy_train$Occupancy <- as.factor(occupancy_train$Occupancy)
occupancy_test$Occupancy <- as.factor(occupancy_test$Occupancy)
```

4. 将数据集转换为 H2OParsedData 对象：

```
occupancy_train.hex <- as.h2o(x = occupancy_train,
destination_frame = "occupancy_train.hex")
occupancy_test.hex <- as.h2o(x = occupancy_test, destination_frame
= "occupancy_test.hex")
```

5. 一旦数据被加载并被转换为 H2OParsedData 对象后，使用 h2o.glm 函数运行广义线性模型。在当前的环境中，我们打算进行 5 折交叉验证，弹性网格正则化（α = 5）和最优正则化强度（lamda_search = TRUE）等参数的训练：

```
# 训练模型
occupancy_train.glm <- h2o.glm(x = x,  # 预测变量名的向量
                               y = y,  # 响应 / 因变量的名字
                               training_frame =
occupancy_train.hex,  # 训练数据集
                               seed = 1234567,  # 随机数种子
                               family = "binomial",  # 输出变量
                               lambda_search = TRUE,  # 最佳正则化 lambda
                               alpha = 0.5,  # 弹性网络正则化
                               nfolds = 5  # 5 折交叉验证
                               )
```

6. 除上述命令外，还可以定义其他参数来微调模型性能。下面的举例并不包括所有的函数参数，但基于重要性涵盖了一部分。完整的参数列表可以在H2O软件包的文档中找到。

- 使用 fold_assignment，指定生成交叉验证样本的策略，如随机抽样、分层抽样、取模抽样和自动（选择）。也可以通过指定列名称（fold_column）对特定属性执行采样。
- 可以选择通过使用 weights_column 指定每个观察值的权重，或使用 balance_classes 执行过密采样 / 过疏采样来处理倾斜结果（不平衡数据）。
- 可以选择使用 missing_values_handling，通过均值插补或跳过观察值来处理缺失值。
- 可以选择使用 non_negative 限制系数为非负数，并使用 beta_constraints 约束它们的值。
- 如果采样数据的响应平均值不能反映真实（先前），就可以选择为采样数据提供 y == 1 的先验概率（逻辑回归）。
- 指定要考虑的交互的变量（interactions）。

2.3.3 工作原理

模型的性能可以通过多种指标进行评估，例如精确度、曲线下面积（Area Under Curve，AUC）、错误分类错误率（%）、错误分类的错误数、F1 分数、精确度、召回率和特异性等。但是，在本章中，模型性能的评估是基于 AUC 的。

以下是训练模型训练的准确性和交叉验证的准确性：

```
# 训练的准确性（AUC）
> occupancy_train.glm@model$training_metrics@metrics$AUC
[1] 0.994583

# 交叉验证的准确性（AUC）
> occupancy_train.glm@model$cross_validation_metrics@metrics$AUC
[1] 0.9945057
```

现在，我们来评估模型用于测试数据时的性能。以下代码有助于预测测试数据的结果：

```
# 预测测试数据
yhat <- h2o.predict(occupancy_train.glm, occupancy_test.hex)
```

然后，根据实际测试结果评估 AUC 值，如下所示：

```
# 测试的准确性（AUC）
> yhat$pmax <- pmax(yhat$p0, yhat$p1, na.rm = TRUE)
> roc_obj <- pROC::roc(c(as.matrix(occupancy_test.hex$Occupancy)),
                      c(as.matrix(yhat$pmax)))
> auc(roc_obj)
Area under the curve: 0.9915
```

在 H2O 中，还可以从广义线性模型计算变量的重要性，如图 2-3 所示。

```
# 计算变量的重要性和性能
h2o.varimp_plot(occupancy_train.glm, num_of_features = 5)
```

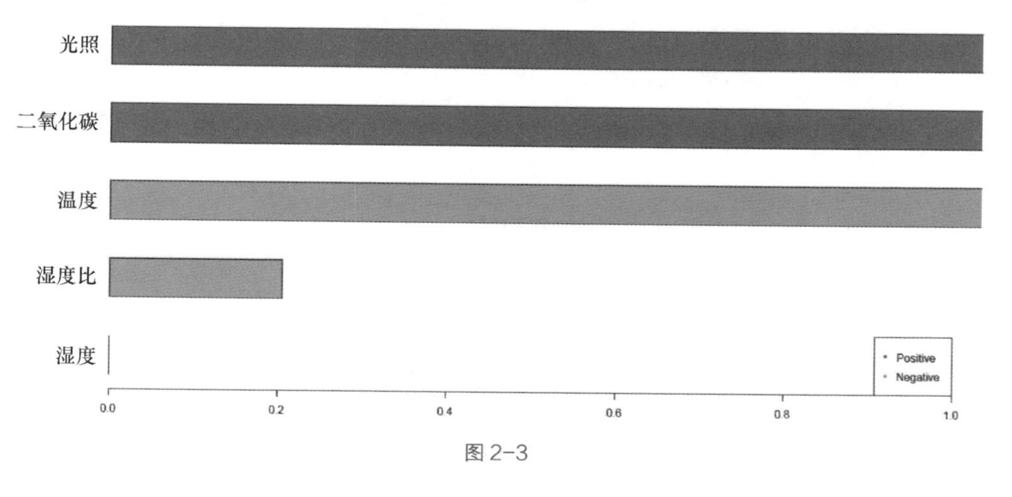

图 2-3

2.4 使用 TensorFlow 执行逻辑回归

在本节中，我们将介绍 TensorFlow 在构建逻辑回归模型中的应用。该示例将使用与 H2O 模型构建中相同的数据集。

2.4.1 做好准备

关于安装 TensorFlow，第 1 章提供了详细信息。本节的代码是在 Linux 上创建的，但可以在任何操作系统上运行。开始建模前，请在环境中加载 TensorFlow 软件包。R 加载默认的 TensorFlow 环境变量，并且也将 Python 中的 NumPy 库加载到 np 变量。

```
library("tensorflow") # 加载 TensorFlow
np <- import("numpy") # 加载 numpy 库
```

2.4.2 怎么做

使用 R 的标准函数导入数据，如下面的代码所示。

1．使用 read.csv 文件导入数据，并将其转换为矩阵格式，然后选择用于建模的特征值，如 xFeatures 和 yFeatures 中定义的。在 TensorFlow 中，下一步是设置一个图来执行优化：

```
# 加载输入和测试数据
xFeatures = c("Temperature", "Humidity", "Light", "CO2",
"HumidityRatio")
yFeatures = "Occupancy"
occupancy_train <-
as.matrix(read.csv("datatraining.txt",stringsAsFactors = T))
occupancy_test <-
as.matrix(read.csv("datatest.txt",stringsAsFactors = T))

# 用于建模和转换为数字值的子集特征
occupancy_train<-apply(occupancy_train[, c(xFeatures, yFeatures)],
2, FUN=as.numeric)
occupancy_test<-apply(occupancy_test[, c(xFeatures, yFeatures)], 2,
FUN=as.numeric)

# 数据维度
nFeatures<-length(xFeatures)
nRow<-nrow(occupancy_train)
```

2．在设置图形之前，我们使用以下命令重置图形：

```
# 重置图形
```

```
tf$reset_default_graph()
```

3．另外，我们启动一个交互式会话，因为它允许我们执行变量且无须引用会话到会话的对象：

```
# 启动会话作为交互式会话
sess<-tf$InteractiveSession()
```

4．在 TensorFlow 中定义逻辑回归模型。

```
# 设置逻辑回归图
x <- tf$constant(unlist(occupancy_train[, xFeatures]),
shape=c(nRow, nFeatures), dtype=np$float32) #
W <- tf$Variable(tf$random_uniform(shape(nFeatures, 1L)))
b <- tf$Variable(tf$zeros(shape(1L)))
y <- tf$matmul(x, W) + b
```

5．输入特征 x 被定义为常数，因为它将是系统的输入。权重 W 和偏差 b 被定义为变量，它们将在优化过程中被优化。设置 y 为 x、W 和 b 三个变量的函数。权重 W 被设置为初始化随机均匀分布，并且 b 被赋值为零。

6．为逻辑回归设置成本函数（cost function）：

```
# 设置成本函数和优化器
y_ <- tf$constant(unlist(occupancy_train[, yFeatures]),
dtype="float32", shape=c(nRow, 1L))
cross_entropy<-
tf$reduce_mean(tf$nn$sigmoid_cross_entropy_with_logits(labels=y_,
logits=y, name="cross_entropy"))
optimizer <-
tf$train$GradientDescentOptimizer(0.15)$minimize(cross_entropy)
```

变量 y_ 是响应变量。采用交叉熵作为损失函数，构建逻辑回归模型。损失函数传递给学习率为 0.15 的梯度下降优化器。在执行优化之前，初始化全局变量：

```
# 启动一个会话
init <- tf$global_variables_initializer()
sess$run(init)
```

7．为优化权重，使用交叉熵作为损失函数，执行梯度下降算法：

```
# 执行优化
for (step in 1:5000) {
  sess$run(optimizer)
  if (step %% 20== 0)
    cat(step, "-", sess$run(W), sess$run(b), "==>",
```

```
sess$run(cross_entropy), "n")
}
```

2.4.3 工作原理

可以使用 AUC 来评估模型的性能：

```
# 训练的性能
library(pROC)
ypred <- sess$run(tf$nn$sigmoid(tf$matmul(x, W) + b))
roc_obj <- roc(occupancy_train[, yFeatures], as.numeric(ypred))


# 测试的性能
nRowt<-nrow(occupancy_test)
xt <- tf$constant(unlist(occupancy_test[, xFeatures]), shape=c(nRowt,
nFeatures), dtype=np$float32)
ypredt <- sess$run(tf$nn$sigmoid(tf$matmul(xt, W) + b))
roc_objt <- roc(occupancy_test[, yFeatures], as.numeric(ypredt)).
```

AUC 可以使用 pROC 包中的 plot.auc 函数来可视化，如图 2-4 所示。训练和测试的性能非常相似。

```
plot.roc(roc_obj, col = "green", lty=2, lwd=2)
plot.roc(roc_objt, add=T, col="red", lty=4, lwd=2)
```

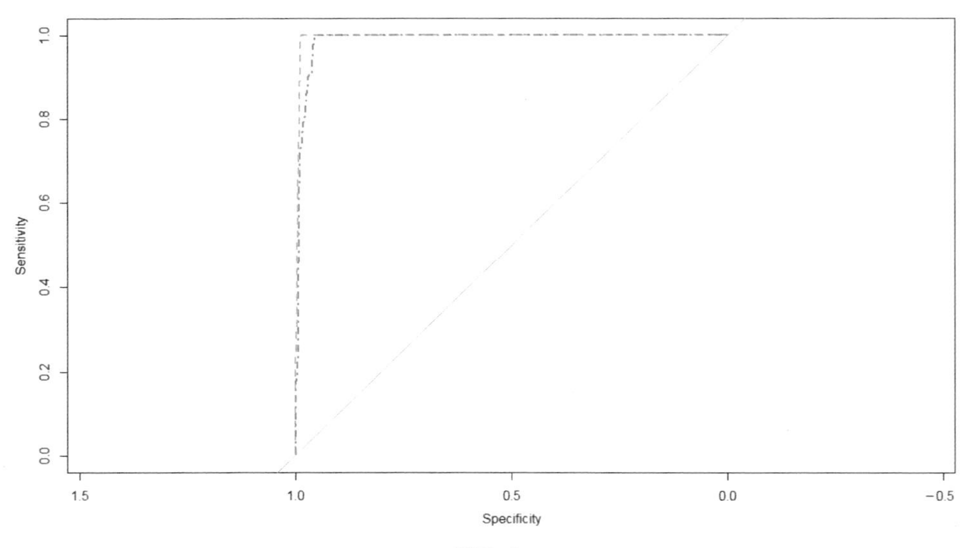

图 2-4

2.5 可视化 TensorFlow 图

TensorFlow 图可以使用 TensorBoard 进行可视化。这是一个利用 TensorFlow 事件文件将 TensorFlow 模型可视化为图形的服务。TensorBoard 中的图形模型可视化也用于调试 TensorFlow 模型。

2.5.1 做好准备

可以在终端中使用以下命令启动 TensorBoard：

```
$ tensorboard --logdir home/log --port 6006
```

以下是 TensorBoard 的主要参数。

- --logdir：映射到目录以加载 TensorFlow 事件。
- --debug：增加日志冗长度。
- --host：定义主机，默认侦听其本地主机（127.0.0.1）。
- --port：定义 TensorBoard 将要服务的端口。

上述命令将在本地主机上 6006 端口启动 TensorFlow 服务，如图 2-5 所示。

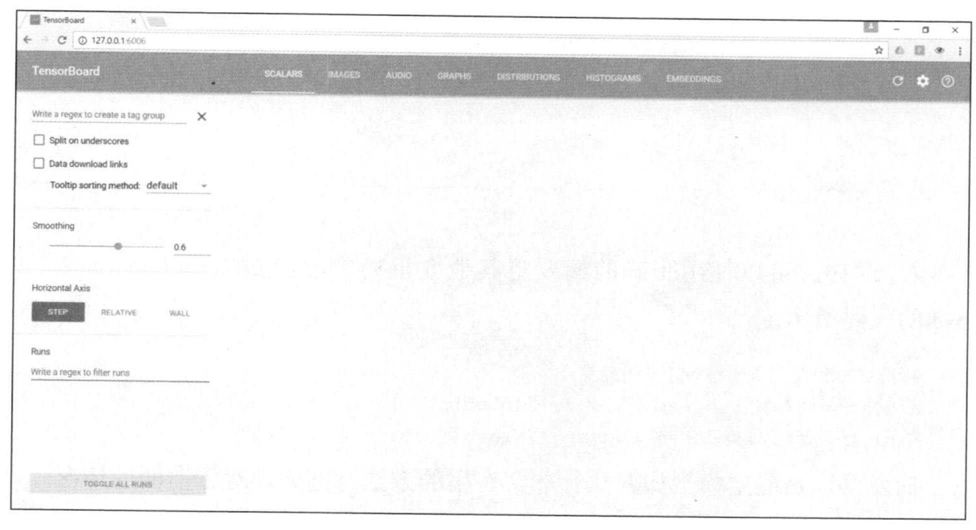

图 2-5

TensorBoard 上的选项卡捕获图形执行期间生成的相关数据。

2.5.2　怎么做

本小节介绍如何在 TernsorBoard 中显示 TensorFlow 模型和输出。

1．要可视化摘要和图表，可以使用摘要模块中的 FileWriter 命令导出 TensorFlow 中的数据。可以使用以下命令添加默认会话图：

```
# 为日志创建写对象
log_writer = tf$summary$FileWriter('c:/log', sess$graph)
```

图 2-6 显示了使用上述代码为逻辑回归创建的图。

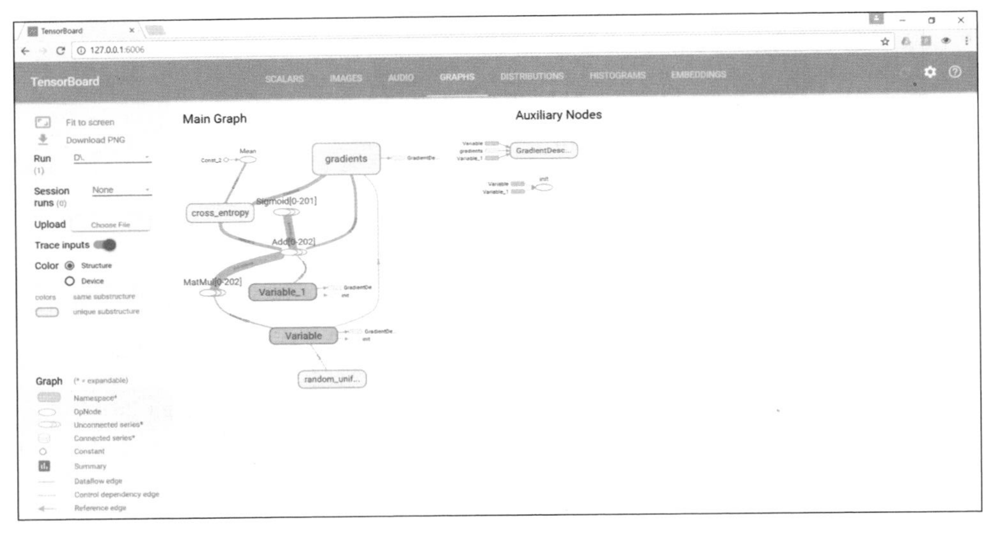

图 2-6

2．同样，可以使用正确的摘要将其他变量摘要添加到 TensorBoard 中，如下面的代码所示：

```
# 给权重和偏差变量添加直方图摘要
w_hist = tf$histogram_summary("weights", W)
b_hist = tf$histogram_summary("biases", b)
```

摘要可以是确定模型如何执行非常有用的方法。例如，对于前面的情况，可以研究测试和训练的成本函数，以理解优化性能和收敛性。

3．为测试创建一个交叉熵评估。生成测试和训练的交叉熵成本函数的示例脚本如下：

```
# 为测试设置交叉熵
nRowt<-nrow(occupancy_test)
xt <- tf$constant(unlist(occupancy_test[, xFeatures]),
shape=c(nRowt, nFeatures), dtype=np$float32)
ypredt <- tf$nn$sigmoid(tf$matmul(xt, W) + b)
yt_ <- tf$constant(unlist(occupancy_test[, yFeatures]),
dtype="float32", shape=c(nRowt, 1L))
cross_entropy_tst<-
tf$reduce_mean(tf$nn$sigmoid_cross_entropy_with_logits(labels=yt_,
logits=ypredt, name="cross_entropy_tst"))
```

前面的代码类似于训练交叉熵计算，使用的数据集不同。可以通过设置函数来返回张量（tensor）对象，从而尽可能地减少工作量。

4．添加要收集的摘要变量：

```
# 添加摘要操作以收集数据
w_hist = tf$summary$histogram("weights", W)
b_hist = tf$summary$histogram("biases", b)
crossEntropySummary<-tf$summary$scalar("costFunction",
cross_entropy)
crossEntropyTstSummary<-tf$summary$scalar("costFunction_test",
cross_entropy_tst)
```

脚本定义了要记录在文件中的摘要事件。

5．打开写对象 log_writer，将默认图形写入 c:/log：

```
# 为日志创建写对象
log_writer = tf$summary$FileWriter('c:/log', sess$graph)
```

6．运行优化并收集摘要：

```
for (step in 1:2500) {
  sess$run(optimizer)

  # 在 50 次迭代之后评估训练和测试数据的性能
  if (step %% 50== 0){
   ### 训练的性能
   ypred <- sess$run(tf$nn$sigmoid(tf$matmul(x, W) + b))
   roc_obj <- roc(occupancy_train[, yFeatures], as.numeric(ypred))

   ### 测试的性能
   ypredt <- sess$run(tf$nn$sigmoid(tf$matmul(xt, W) + b))
```

```
    roc_objt <- roc(occupancy_test[, yFeatures], as.numeric(ypredt))
    cat("train AUC: ", auc(roc_obj), " Test AUC: ", auc(roc_objt),
"n")

    # 保存偏差和权重的摘要
    log_writer$add_summary(sess$run(b_hist), global_step=step)
    log_writer$add_summary(sess$run(w_hist), global_step=step)
    log_writer$add_summary(sess$run(crossEntropySummary),
global_step=step)
    log_writer$add_summary(sess$run(crossEntropyTstSummary),
global_step=step)
} }
```

7．使用摘要模块中的 merge_all 命令将所有摘要收集到一个张量中：

```
summary = tf$summary$merge_all()
```

8．使用 log_writer 对象将摘要写入日志文件：

```
log_writer = tf$summary$FileWriter('c:/log', sess$graph)
summary_str = sess$run(summary)
log_writer$add_summary(summary_str, step)
log_writer$close()
```

2.5.3　工作原理

本小节介绍如何使用 TensorBoard 进行模型性能可视化。训练和测试的交叉熵记录在 SCALARS 选项卡中，如图 2-7 所示。

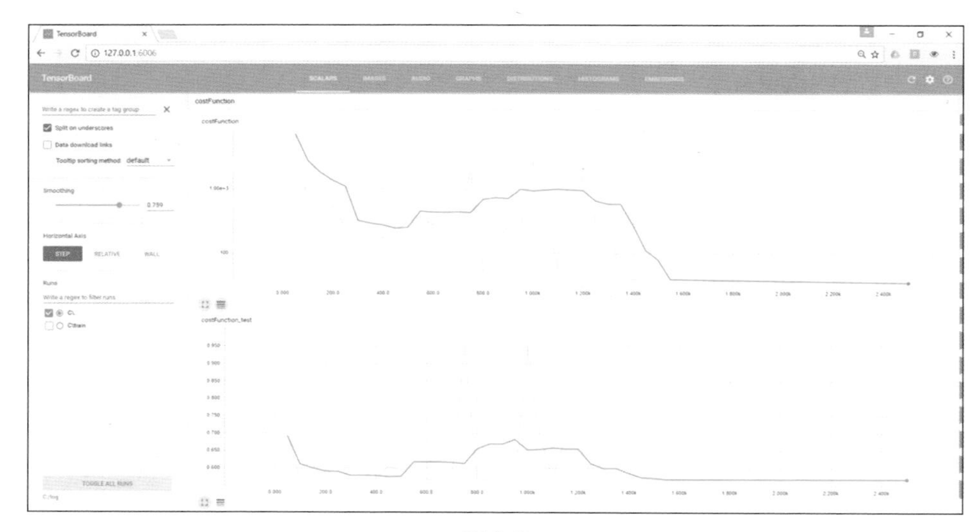

图 2-7

对于训练和测试的成本函数，目标函数表现出相似的行为。因此，对于给定情况，该模型似乎是稳定的，约 1,600 次迭代处收敛。

2.6 从多层感知器开始

本节将着重于将逻辑回归概念扩展到神经网络。

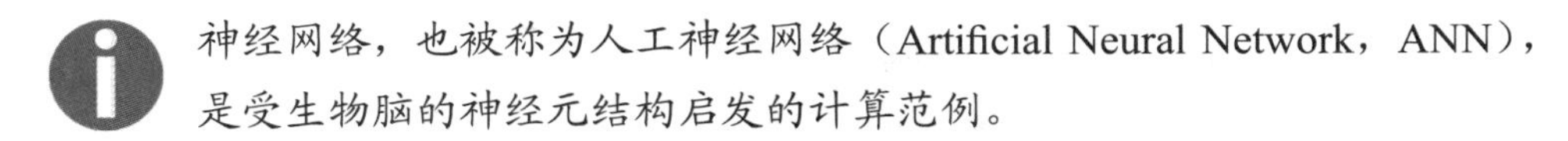

神经网络，也被称为人工神经网络（Artificial Neural Network，ANN），是受生物脑的神经元结构启发的计算范例。

2.6.1 做好准备

ANN 是一组人工神经元，对数据执行简单的操作。这个神经元的输出被传递给另一个神经元。每个神经元产生的输出称为其激活函数。在图 2-8 中可以看到一个多层感知器模型的例子。

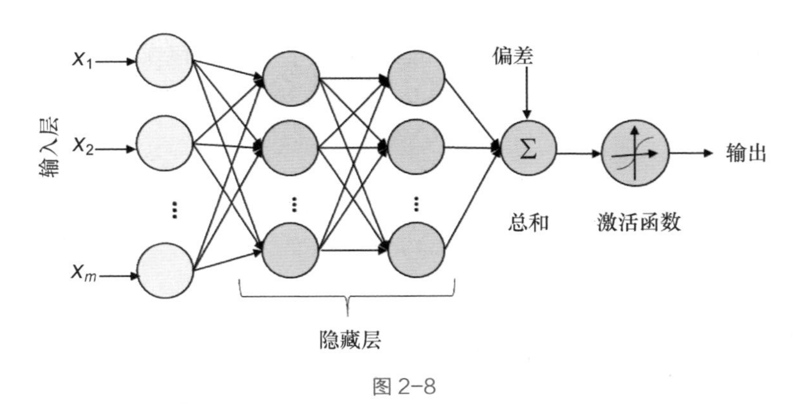

图 2-8

图 2-8 中的每个链接都与神经元处理的权重相关联。每个神经元都可以看作一个处理单元，进行输入处理，并将输出传递到下一层，如图 2-9 所示。

神经元的输出：在神经元进行的处理可能是一个非常简单的操作，如输入乘以权重，然后进行求和或变换运算，如 Sigmoid 激活函数。

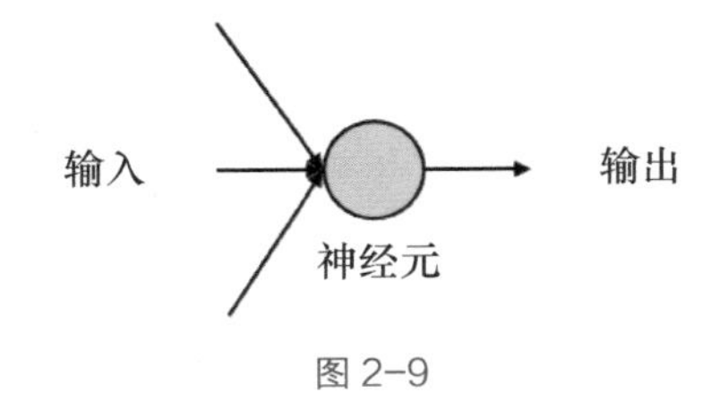

图 2-9

2.6.2　怎么做

本小节涵盖了多层感知器中的类型激活函数。激活是 ANN 的关键组件之一，因为它根据给定的输入定义该节点的输出。构建神经网络时有许多不同的激活函数，如下所示。

- Sigmoid：Sigmoid 激活函数是一个连续函数，也称为逻辑函数，具有 1/(1+exp(-x)) 的形式。在训练过程中，Sigmoid 函数有一个趋势，将反向传播项归零，导致响应饱和。在 TensorFlow 中，Sigmoid 激活函数是使用 tf.nn.sigmoid 函数定义的。
- ReLU（Rectified Linear Unit，修正线性单元）：神经网络中用于捕获非线性的最有名的连续但不平滑的激活函数之一。ReLU 函数定义为 max(0,x)。在 TensorFlow 中， ReLU 激活函数被定义为 tf.nn.relu。
- ReLU6：限制 ReLU 函数在数值 6 并被定义为 min(max(0, x), 6)，因此该值不会变得非常小或很大。在 TensorFlow 中，该函数定义为 tf.nn.relu6。
- tanh：双曲正切函数（Hypertangent）是另一个在神经网络中用作激活函数的平滑函数，被绑定为 [-1, 1]，并被实现为 tf.nn.tanh。
- softplus：因为它是 ReLU 的一个连续版本，所以存在差异，并被定义为 log(exp(x)+1)。在 TensorFlow 中，softplus 被定义为 tf.nn.softplus。

2.6.3　更多内容

神经网络有以下 3 种主要的结构。

- 前馈人工神经网络（Feedforward ANN）：一类神经网络模型，其中信息流从输入到输出是单向的，因此架构不会形成任何循环。前馈网络的示例如图 2-10 所示。

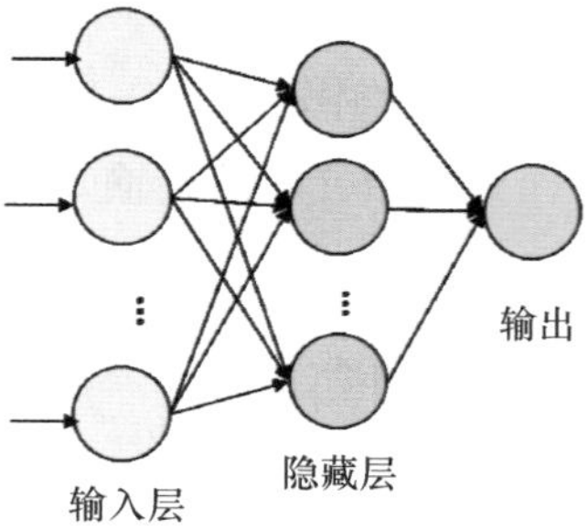

图 2-10

- 反馈人工神经网络（Feedback ANN）：也被称为埃尔曼（Elman）循环网络，是一类神经网络，其中输出节点处的误差用作反馈来迭代地更新以使误差最小化。图 2-11 显示了一个单层反馈神经网络架构的示例。
- 横向人工神经网络（Lateral ANN）：一类

处于反馈和前馈神经网络之间的神经网络，神经元在层内相互作用。图 2-12 显示了一个横向神经网络架构的示例。

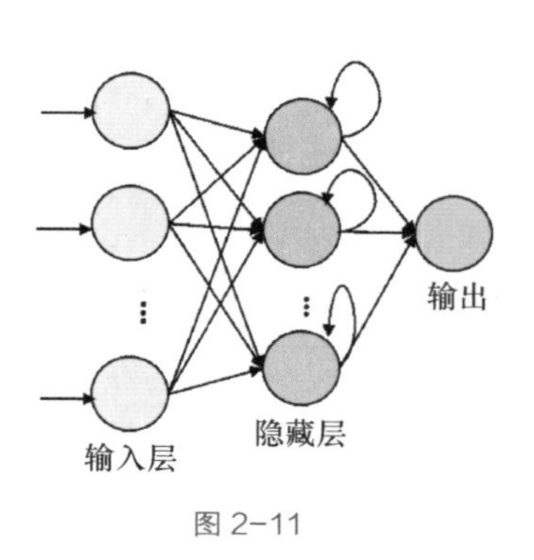

图 2-11

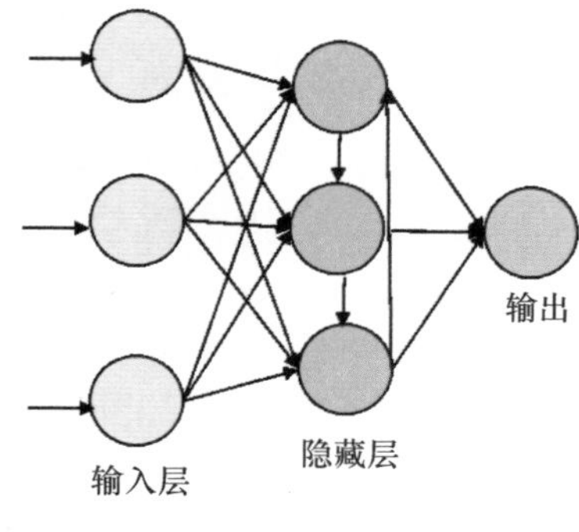

图 2-12

2.7　使用 H2O 建立神经网络

在本节中，我们将介绍 H2O 在建立神经网络中的应用。该示例将使用与逻辑回归相似的数据集。

2.7.1　做好准备

首先，我们用下面的代码加载所有需要的软件包：

```
# 加载所需的软件包
require(h2o)
```

然后，使用 h2o.init() 函数在 8 个内核上初始化单节点 H2O 实例，并在 IP 地址 localhost 和端口号 54321 上实例化相应的客户端模块：

```
# 初始化 H2O 实例（单节点）
localH2O = h2o.init(ip = "localhost", port = 54321, startH2O =
TRUE,min_mem_size = "20G",nthreads = 8)
```

2.7.2　怎么做

本小节将介绍如何使用 H2O 构建神经网络。

1．将占用训练和测试数据集加载到 R 中：

```
# 加载占用数据
occupancy_train <-
read.csv("C:/occupation_detection/datatraining.txt",stringsAsFactor
s = T)
occupancy_test <-
read.csv("C:/occupation_detection/datatest.txt",stringsAsFactors =T)
```

2. 以下自变量（x）和因变量（y）将被用于模拟广义线性模型：

```
# 定义输入变量（x）和输出变量（y）
x = c("Temperature", "Humidity", "Light", "CO2", "HumidityRatio")
y = "Occupancy"
```

3. 根据 H2O 的要求，将因变量转换为以下因子变量：

```
# 将结果变量转换为因子变量
occupancy_train$Occupancy <- as.factor(occupancy_train$Occupancy)
occupancy_test$Occupancy <- as.factor(occupancy_test$Occupancy)
```

4. 将数据集转换为 H2OParsedData 对象。

```
# 将训练和测试数据集转换为 H2O 对象
occupancy_train.hex <- as.h2o(x = occupancy_train,
destination_frame = "occupancy_train.hex")
occupancy_test.hex <- as.h2o(x = occupancy_test, destination_frame
= "occupancy_test.hex")
```

5. 一旦数据被加载并被转换为 H2OParsedData 对象后，使用 h2o.deeplearning 函数构建多层前馈神经网络。在当前设置中，使用以下参数来构建神经网络模型：

- 使用 hidden 设置 5 个神经元的单隐藏层；
- 使用 epochs 设置 50 次迭代；
- 自适应学习率（adaptive_rate）而不是固定学习率（rate）；
- 基于 ReLU 的 Rectifier 激活函数；
- 使用 nfold 的 5 折交叉验证。

```
# H2O 基于神经网络训练模型
occupancy.deepmodel <- h2o.deeplearning(x = x,
                                        y = y,
                                        training_frame = occupancy_train.hex,
                                        validation_frame = occupancy_test.hex,
                                        standardize = F,
                                        activation = "Rectifier",
```

```
                              epochs = 50,
                              seed = 1234567,
                              hidden = 5,
                              variable_importances = T,
                              nfolds = 5,
                              adaptive_rate = TRUE)
```

6．除了使用 H2O 执行逻辑回归这节中描述的命令外，还可以定义其他参数来微调模型性能。下面的举例并没有包括所有的函数参数，但根据重要性介绍了一些。完整的参数列表可在 H2O 软件包的文档中找到。

■ 可以选择使用预训练的自动编码器模型来初始化模型。

■ 通过选项修改时间衰减因子（rho）和平滑因子（epsilon）来调整自适应学习率。在固定学习率（rate）的情况下，可以选择修改退火率（rate_annealing）和层间衰减因子（rate_decay）。

■ 可以选择初始化权重和偏差，以及权重分布和数值范围。

■ 停止标准基于分类情况下的误差率和关于回归的均方误差（classification_stop 和 regression_stop），也可选择执行提前停止。

■ 可以选择使用具有诸如移动速率和正则化强度之类的参数的弹性平均方法来改善分布式模型收敛。

2.7.3 工作原理

模型的性能可以通过多种指标进行评估，如精确度、曲线下面积（AUC）、错误分类错误率（%）、错误分类错误数、F1 分数、精确度、召回率、特异性等。但是，在本章中，模型性能的评估是基于 AUC 的。

以下是训练模型的训练和交叉验证的精确度。训练和交叉验证 AUC（取小数点后 3 位）分别为 0.984 和 0.982。

```
# 获得训练的精确度（AUC）
> train_performance <- h2o.performance(occupancy.deepmodel,train = T)
> train_performance@metrics$AUC
[1] 0.9848667

# 获得交叉验证的精确度（AUC）
> xval_performance <- h2o.performance(occupancy.deepmodel,xval = T)
> xval_performance@metrics$AUC
```

```
[1] 0.9821723
```

由于我们已经在模型中提供了测试数据（作为验证数据集），下面是它的性能。测试数据的 AUC 是 0.990。

```
# 获得测试的精确度（AUC）
> test_performance <- h2o.performance(occupancy.deepmodel,valid = T)
> test_performance@metrics$AUC
[1] 0.9905056
```

2.8　使用 H2O 中的网格搜索调整超参数

H2O 软件包还支持使用网格搜索（h2o.grid）调整超参数。

2.8.1　做好准备

首先，我们使用下边的代码加载并初始化 H2O 包：

```
# 加载所需的软件包
require(h2o)

# 初始化 H2O 实例（单节点）
localH2O = h2o.init(ip = "localhost", port = 54321, startH2O =
TRUE,min_mem_size = "20G",nthreads = 8)
```

加载占用数据集，将之转换为十六进制格式，并命名为 occupancy_train.hex。

2.8.2　怎么做

本小节将专注于使用网格搜索来优化 H2O 中的超参数。

1. 在我们的例子中，我们将优化激活函数、隐藏层的数量（以及每层神经元的数量）、轮数（epochs）和正则化 lambda（l1 和 l2）。

```
# 执行超参数调优
activation_opt <- c("Rectifier","RectifierWithDropout",
"Maxout","MaxoutWithDropout")
hidden_opt <- list(5, c(5,5))
epoch_opt <- c(10,50,100)
l1_opt <- c(0,1e-3,1e-4)
l2_opt <- c(0,1e-3,1e-4)
```

```
hyper_params <- list(activation = activation_opt,
                     hidden = hidden_opt,
                     epochs = epoch_opt,
                     l1 = l1_opt,
                     l2 = l2_opt)
```

2．以下搜索标准已设置为执行网格搜索。添加到以下列表中，还可以指定停止度量的类型、停止的最小容差以及停止的最大轮数。

```
# 设置搜索标准
search_criteria <- list(strategy = "RandomDiscrete",
max_models=300)
```

3．现在，让我们对训练数据进行网格搜索。

```
# 对训练数据执行网格搜索
dl_grid <- h2o.grid(x = x,
                    y = y,
                    algorithm = "deeplearning",
                    grid_id = "deep_learn",
                    hyper_params = hyper_params,
                    search_criteria = search_criteria,
                    training_frame = occupancy_train.hex,
                    nfolds = 5)
```

4．一旦网格搜索完成（此处，有 216 种不同的模型），最好的模型可以根据多个度量选择，如对数损失、残差、均方误差、AUC、准确度、精度、召回率和 F1 等。在我们的场景中，我们选择 AUC 最大的最佳模型。

```
# 基于 AUC 选择最好的模型
d_grid <- h2o.getGrid("deep_learn",sort_by = "auc", decreasing = T)
best_dl_model <- h2o.getModel(d_grid@model_ids[[1]])
```

2.8.3 工作原理

以下是网格搜索模型用于训练和交叉验证数据集时的性能。我们可以观察到，在执行网格搜索之后，在训练和交叉验证情况下 AUC 大约增加了一个单位，即大约 1%（与 2.7.3 小节相比）。网格搜索后的训练和交叉验证 AUC 分别为 0.996 和 0.997。

```
# 网格搜索之后，用于训练数据时的性能
> train_performance.grid <- h2o.performance(best_dl_model,train = T)
```

```
> train_performance.grid@metrics$AUC
[1] 0.9965881

# 网格搜索之后，用于交叉验证数据时的性能
> xval_performance.grid <- h2o.performance(best_dl_model,xval = T)
> xval_performance.grid@metrics$AUC
[1] 0.9979131
```

现在，我们来评估最好的网格搜索模型用于测试数据集时的性能。我们可以看到，测试数据的 AUC 是 0.993。执行网格搜索后，AUC 大约增加了 0.25 个单位，即 0.25%（与 2.7.3 小节相比）。

```
# 预测测试数据集的输出
yhat <- h2o.predict(best_dl_model, occupancy_test.hex)

# 最佳网格搜索模型用于测试数据集时的性能
> yhat$pmax <- pmax(yhat$p0, yhat$p1, na.rm = TRUE)
> roc_obj <- pROC::roc(c(as.matrix(occupancy_test.hex$Occupancy)),
c(as.matrix(yhat$pmax)))
> pROC::auc(roc_obj)
Area under the curve: 0.9932
```

2.9　使用 MXNet 建立神经网络

第 1 章提供了在 R 中安装 MXNet 的详细信息，以及使用其 Web 界面工作的实例。要开始建模，请将 MXNet 软件包加载到 R 环境中。

2.9.1　做好准备

加载所需的软件包。

```
# 加载所需的软件包
require(mxnet)
```

2.9.2　怎么做

1. 在 R 中，加载占用的训练和测试数据集：

```
# 加载占用数据
occupancy_train <-
read.csv("C:/occupation_detection/datatraining.txt",stringsAsFactor
```

```
s = T)
occupancy_test <-
read.csv("C:/occupation_detection/datatest.txt",stringsAsFactors =
T)
```

2．以下自变量（x）和因变量（y）将被用于广义线性模型：

```
# 定义输入变量(x)和输出变量(y)
x = c("Temperature", "Humidity", "Light", "CO2", "HumidityRatio")
y = "Occupancy"
```

3．根据 MXNet 的要求，将训练和测试数据集转换为矩阵，并确保结果变量的类别是数值型（而不是 H2O 情况下的因子）：

```
# 将训练数据转化为矩阵
occupancy_train.x <- data.matrix(occupancy_train[,x])
occupancy_train.y <- occupancy_train$Occupancy

# 将测试数据转化为矩阵
occupancy_test.x <- data.matrix(occupancy_test[,x])
occupancy_test.y <- occupancy_test$Occupancy
```

4．现在，我们手动配置一个神经网络。首先，配置一个具有特定名称的符号变量。然后在单独一个隐藏层中配置一个带有 5 个神经元的符号完全连接网络，随之是具有 logit 损失（或交叉熵损失）的 Softmax 激活函数（Softmax Activation Function）。也可以创建具有不同激活功能的额外（完全连接）的隐藏层。

```
# 配置神经网络的结构
smb.data <- mx.symbol.Variable("data")
smb.fc <- mx.symbol.FullyConnected(smb.data, num_hidden=5)
smb.soft <- mx.symbol.SoftmaxOutput(smb.fc)
```

5．一旦配置好神经网络，我们就使用 mx.model.FeedForward.create 函数创建 / 训练（前馈）神经网络模型。该模型针对诸如轮数（100）、评估度量（分类精确度）、每次迭代或轮数的大小（100 个观察值）以及学习率（0.01）等参数进行微调。

```
# 训练网络
model.nn <- mx.model.FeedForward.create(symbol = smb.soft,
                                        X = occupancy_train.x,
                                        y = occupancy_train.y,
                                        ctx = mx.cpu(),
                                        num.round = 100,
                                        eval.metric =
                                        mx.metric.accuracy,
```

```
                                    array.batch.size = 100,
                                    learning.rate = 0.01)
```

2.9.3 工作原理

现在，我们来评估模型用于训练和测试数据集时的性能。训练数据的 AUC 为 0.978，测试数据的 AVC 为 0.982。

```
# 训练的精确度（AUC）
> train_pred <- predict(model.nn,occupancy_train.x)
> train_yhat <- max.col(t(train_pred))-1
> roc_obj <- pROC::roc(c(occupancy_train.y), c(train_yhat))
> pROC::auc(roc_obj)
Area under the curve: 0.9786

# 测试的精确度（AUC）
> test_pred <- predict(nnmodel,occupancy_test.x)
> test_yhat <- max.col(t(test_pred))-1
> roc_obj <- pROC::roc(c(occupancy_test.y), c(test_yhat))
> pROC::auc(roc_obj)
Area under the curve: 0.9824
```

2.10 使用 TensorFlow 建立神经网络

在本节中，我们将介绍 TensorFlow 在构建两层神经网络模型中的应用。

2.10.1 做好准备

开始建模前，在环境中加载 TensorFlow 软件包。R 加载默认的 tf 环境变量，并且将 Python 中的 NumPy 库加载到 np 变量中。

```
library("tensorflow") # 加载 TensorFlow
np <- import("numpy") # 加载 numpy 库
```

2.10.2 怎么做

1．使用 R 的标准函数导入数据，如下面的代码所示。使用 read.csv 文件导入数据，并将其转换为矩阵格式，然后将 xFeatures 和 yFeatures 中定义的选择用于建模的特征。

```
# 加载输入和测试数据
xFeatures = c("Temperature", "Humidity", "Light", "CO2",
"HumidityRatio")
yFeatures = "Occupancy"
occupancy_train <-
as.matrix(read.csv("datatraining.txt",stringsAsFactors = T))
occupancy_test <-
as.matrix(read.csv("datatest.txt",stringsAsFactors = T))

# 用于建模的子集特性，并转化为数字型值
occupancy_train<-apply(occupancy_train[, c(xFeatures, yFeatures)],
2, FUN=as.numeric)
occupancy_test<-apply(occupancy_test[, c(xFeatures, yFeatures)], 2,
FUN=as.numeric)

# 数据维度
nFeatures<-length(xFeatures)
nRow<-nrow(occupancy_train)
```

2．现在加载网络参数和模型参数。网络参数定义了神经网络的结构，模型参数定义了它的调整标准。如前所述，神经网络是使用两个隐藏层构建的，每层都有 5 个神经元。n_input 参数定义自变量的数量，n_classes 定义一个比输出类少的数量。在输出变量是独热编码（One-Hot Encoded）的情况下（第一个属性被占用，第二个属性没有被占用），n_classes 将是 2L（等于独热编码属性的个数）。在模型参数中，学习率为 0.001，模型建立的轮数（或者迭代次数）为 10000。

```
# 网络参数
n_hidden_1 = 5L # 第一层特征的数量
n_hidden_2 = 5L # 第二层特征的数量
n_input = 5L # 5 个属性
n_classes = 1L # 二进制类

# 模型参数
learning_rate = 0.001
training_epochs = 10000
```

3．在 TensorFlow 中配置一个图来执行优化。在配置图之前，我们使用以下命令来重置图：

```
# 重置图
tf$reset_default_graph()
```

4. 另外，我们开启一个交互式会话，因为它允许我们执行变量而不引用会话到会话对象：

```
# 开启会话作为交互式会话
sess<-tf$InteractiveSession()
```

5. 以下脚本定义图的输入（*x* 为自变量，*y* 为因变量）。输入特征 *x* 被定义为常数，因为它将被输入到系统中。类似地，输出特征 *y* 也被定义为 float32 类型的常量。

```
# 图的输入
x = tf$constant(unlist(occupancy_train[,xFeatures]), shape=c(nRow,
n_input), dtype=np$float32)
y = tf$constant(unlist(occupancy_train[,yFeatures]),
dtype="float32", shape=c(nRow, 1L))
```

6. 现在，我们创建一个具有两个隐藏层的多层感知器。隐藏层都是使用 ReLU 激活函数构建的，输出层是使用线性激活函数构建的。权重和偏差被定义为在优化过程中将被优化的变量。初始值是从正态分布中随机选择的。以下脚本用于初始化和存储隐藏层的权重和偏差以及多层感知器模型。

```
# 初始化并保存隐藏层的权重和偏差
weights = list(
 "h1" = tf$Variable(tf$random_normal(c(n_input, n_hidden_1))),
 "h2" = tf$Variable(tf$random_normal(c(n_hidden_1, n_hidden_2))),
 "out" = tf$Variable(tf$random_normal(c(n_hidden_2, n_classes)))
)
biases = list(
 "b1" = tf$Variable(tf$random_normal(c(1L,n_hidden_1))),
 "b2" = tf$Variable(tf$random_normal(c(1L,n_hidden_2))),
 "out" = tf$Variable(tf$random_normal(c(1L,n_classes)))
)
# 创建模型
multilayer_perceptron <- function(x, weights, biases){
 # ReLU 激活函数的隐藏层
 layer_1 = tf$add(tf$matmul(x, weights[["h1"]]), biases[["b1"]])
 layer_1 = tf$nn$relu(layer_1)
 # ReLU 激活函数的隐藏层
 layer_2 = tf$add(tf$matmul(layer_1, weights[["h2"]]),
biases[["b2"]])
 layer_2 = tf$nn$relu(layer_2)
 # 线性激活函数的输出层
 out_layer = tf$matmul(layer_2, weights[["out"]]) + biases[["out"]]
```

```
  return(out_layer)
}
```

7. 现在，使用初始化的权重（weights）和偏差（biases）构建模型：

```
pred = multilayer_perceptron(x, weights, biases)
```

8. 定义神经网络的成本（cost）函数和优化器（optimizer）函数：

```
# 定义 cost 和 optimizer
cost =
tf$reduce_mean(tf$nn$sigmoid_cross_entropy_with_logits(logits=pred,
labels=y))
optimizer =
tf$train$AdamOptimizer(learning_rate=learning_rate)$minimize(cost)
```

9. 使用 Sigmoid 交叉熵作为成本函数构建神经网络。然后将成本函数传递给梯度下降优化器（Adam），学习率为 0.001。在运行优化之前，初始化全局变量如下：

```
# 初始化全局变量
init = tf$global_variables_initializer()
sess$run(init)
```

10. 一旦全局变量与成本函数和优化器函数一起被初始化，我们就开始执行训练数据集的训练：

```
# 训练循环
for(epoch in 1:training_epochs){
    sess$run(optimizer)
   if (epoch %% 20== 0)
    cat(epoch, "-", sess$run(cost), "n")
}
```

2.10.3 工作原理

可以使用 AUC 来评估模型的性能：

```
# 用于训练数据时的性能
library(pROC)
ypred <- sess$run(tf$nn$sigmoid(multilayer_perceptron(x, weights, biases)))
roc_obj <- roc(occupancy_train[, yFeatures], as.numeric(ypred))

# 用于测试数据时的性能
nRowt<-nrow(occupancy_test)
```

```
xt <- tf$constant(unlist(occupancy_test[, xFeatures]), shape=c(nRowt,
nFeatures), dtype=np$float32) #
ypredt <- sess$run(tf$nn$sigmoid(multilayer_perceptron(xt, weights,
biases)))
roc_objt <- roc(occupancy_test[, yFeatures], as.numeric(ypredt))
```

使用 pROC 软件包中的 plot.auc 函数可以可视化 AUC，如图 2-13 所示。训练和测试（留出）的性能非常相近。

```
plot.roc(roc_obj, col = "green", lty=2, lwd=2)
plot.roc(roc_objt, add=T, col="red", lty=4, lwd=2)
```

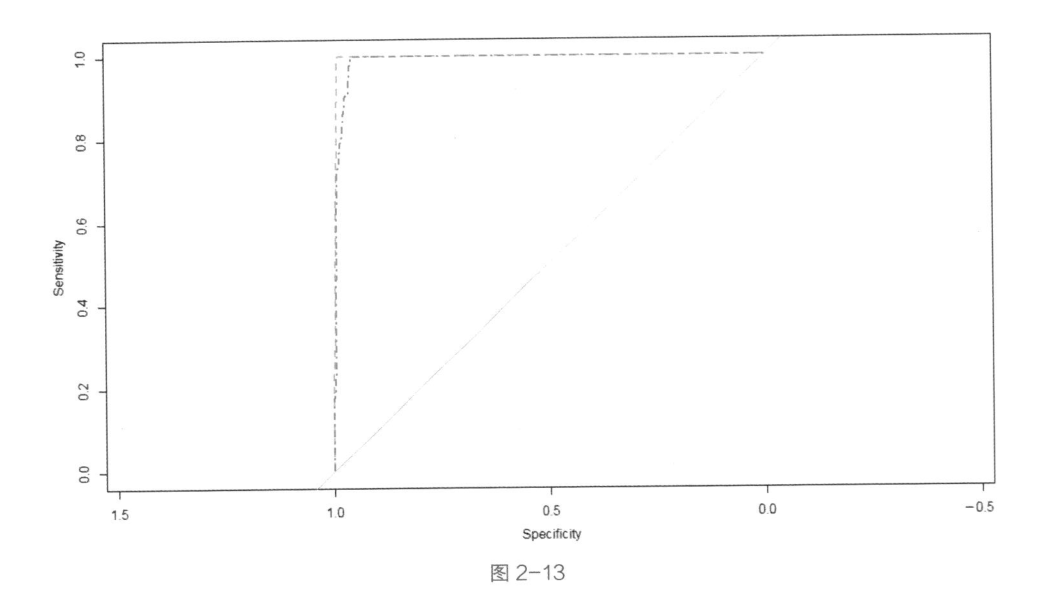

图 2-13

2.10.4 更多内容

神经网络模仿大脑的信息处理方式，然而大脑由大约 1,000 亿个神经元组成，每个神经元与其他 10,000 个神经元相连。20 世纪 90 年代早期开发的神经网络由于计算和算法上的局限性，在建立更深层的神经网络方面面临着许多挑战。

随着大数据、计算资源（如 GPU）和更好的算法的发展，深度学习技术的出现使我们可以从各种数据（如文本、图像和音频等）中获得更深层次的表示。

深度学习是神经网络的一大进步，而神经网络的普及深受技术提升的影响。影响深度学习作为人工智能优势领域发展的主要因素如下。

- 计算能力：摩尔定律的一致性表明，硬件的加速能力每两年翻一番，有助于在时间限制内训练更多的层和更大的数据。
- 存储和更好的压缩算法：凭借更便宜的存储和更好的压缩算法，存储大型模型的能力推动了这一领域的发展，从业者专注于以图像、文本、音频和视频格式的形式捕捉实时数据。
- 可扩展性：从简单的计算机扩展到群或使用 GPU 设备的能力，极大地促进了对深度学习模型的训练。
- 深度学习架构：借助卷积神经网络等新架构，深度学习的性能进一步提升，也有助于加快学习速度。
- 跨平台编程：在跨平台架构中，编程和构建模型的能力极大地增加了用户基数，并在领域内获得了巨大的发展。
- 迁移学习：这允许重复使用预训练模型，并有助于进一步显著减少训练时间。

第 3 章
卷积神经网络

在本章中，我们将介绍以下主题：

- 下载并配置图像数据集；
- 学习 CNN 分类器的架构；
- 使用函数初始化权重和偏差；
- 使用函数创建一个新的卷积层；
- 使用函数扁平化密集连接层；
- 定义占位符变量；
- 创建第一个卷积层；
- 创建第二个卷积层；
- 扁平化第二个卷积层；
- 创建第一个完全连接的层；
- 将 dropout 应用于第一个完全连接层；
- 创建第二个带有 dropout 的完全连接层；
- 应用 Softmax 激活以获得预测类；
- 定义用于优化的成本函数；
- 执行梯度下降成本优化；
- 在 TensorFlow 会话中执行图；
- 评估测试数据的性能。

3.1 介绍

卷积神经网络（Convolution Neural Network，CNN）是一类深度学习神经网络，在建立基于图像识别和自然语言处理的分类模型方面发挥着重要作用。

CNN 遵循类似于 LeNet 的架构（LeNet 主要用于识别数字、邮政编码等字符）。和人工神经网络相比，CNN 有以三维空间（宽度、深度和高度）排列的神经元层。每层将二维图像转换成三维输入体积，然后使用神经元激活函数将其转换为三维输出体积。

从根本上，CNN 是使用 3 种主要激活层类型构建的：卷积层 ReLU、池化层和完全连接层。卷积层用于从（图像的）输入向量中提取特征（像素之间的空间关系），并在带有权重（和偏差）的点积运算后将它们存储以供进一步处理。

然后，在卷积之后，在操作中应用 ReLU 以引入非线性。

这是应用于每个卷积特征映射的逐个元素操作（例如阈值函数、Sigmoid 和 tanh）。然后，池化层（诸如求最大值、求均值和求总和之类的操作）是用来降低每个特征映射的维度，以确保信息损失最小。这种减小空间大小的操作被用于控制过度拟合，并增加网络对小的失真或变换的鲁棒性。然后将池化层的输出连接到传统的多层感知器（也称为完全连接层）。该感知器使用例如 Softmax 或 SVM 的激活函数来建立基于分类器的 CNN 模型。

本章将着重于在 R 中使用 TensorFlow 构建一个用于图像分类的卷积神经网络。虽然本章将为你提供一个典型的 CNN 概览，但是我们鼓励你根据自己的需要调整并修改参数。

3.2 下载并配置图像数据集

在本章中，我们将使用 CIFAR-10 数据集来构建用于图像分类的卷积神经网络。CIFAR-10 数据集由 60,000 个 32×32 彩色的 10 个种类的图像组成，每个种类有 6,000 个图像。这些进一步被分为 5 个训练批次和 1 个测试批次，每个批次有 10,000 个图像。

测试批次刚好包含 1,000 个从每个种类随机选择的图像。训练批次包含随机顺序的剩余图像，但是某些训练批次可能包含来自一个类的图像多余另一个类的图像。在它们之间，训练批次刚好包含 5,000 个来自每个种类的图像。10 个结果类为飞机、汽车、鸟、猫、鹿、狗、青蛙、马、船和卡车。这些种类是完全互斥的。另外，数据集的格式如下。

■ 第一列，10 个类的标签：飞机、汽车、鸟、猫、鹿、狗、青蛙、马、船和卡车。

■ 接下来的 1024 列：范围在 0 ～ 255 的红色像素。

■ 接下来的 1024 列：范围在 0 ～ 255 的绿色像素。

■ 接下来的 1024 列：范围在 0 ～ 255 的蓝色像素。

3.2.1　做好准备

首先，你需要在 R 中安装一些软件包，比如 data.table 和 imager。

3.2.2　怎么做

1．启动 R（使用 Rstudio 或 Docker）并加载所需的软件包。

2．从 http://www.cs.toronto.edu/~kriz/cifar.html 手动下载数据集（二进制版本）或在 R 环境中使用以下函数下载数据。该函数将工作目录或下载的数据集的位置路径作为输入参数（data_dir）：

```
# 下载二进制文件的函数
download.cifar.data <- function(data_dir) {
dir.create(data_dir, showWarnings = FALSE)
setwd(data_dir)
if (!file.exists('cifar-10-binary.tar.gz')){
download.file(url='http://www.cs.toronto.edu/~kriz/cifar-10-binary.
tar.gz', destfile='cifar-10-binary.tar.gz', method='wget')
untar("cifar-10-binary.tar.gz") # 解压缩文件
file.remove("cifar-10-binary.tar.gz") # 删除压缩文件
}
setwd("..")
}
# 下载数据
download.cifar.data(data_dir="Cifar_10/")
```

3．一旦下载并解压数据集，就在 R 环境中读取数据集作为训练和测试数据集。该函数将训练和测试批数据集的文件名（filenames）以及每批文件检索的图像数（num.images）作为输入参数。

```
#读取 cifar 数据的函数
read.cifar.data <- function(filenames,num.images){
```

```
images.rgb <- list()
images.lab <- list()
for (f in 1:length(filenames)) {
to.read <- file(paste("Cifar_10/",filenames[f], sep=""), "rb")
for(i in 1:num.images) {
l <- readBin(to.read, integer(), size=1, n=1, endian="big")
r <- as.integer(readBin(to.read, raw(), size=1, n=1024,
endian="big"))
g <- as.integer(readBin(to.read, raw(), size=1, n=1024,
endian="big"))
b <- as.integer(readBin(to.read, raw(), size=1, n=1024,
endian="big"))
index <- num.images * (f-1) + i
images.rgb[[index]] = data.frame(r, g, b)
images.lab[[index]] = l+1
}
close(to.read)
cat("completed :", filenames[f], "\n")
remove(l,r,g,b,f,i,index, to.read)
}
return(list("images.rgb"=images.rgb,"images.lab"=images.lab))
}
# 训练数据集
cifar_train <- read.cifar.data(filenames =
c("data_batch_1.bin","data_batch_2.bin","data_batch_3.bin","data_ba
tch_4.bin", "data_batch_5.bin"))
images.rgb.train <- cifar_train$images.rgb
images.lab.train <- cifar_train$images.lab
rm(cifar_train)
# 测试数据集
cifar_test <- read.cifar.data(filenames = c("test_batch.bin"))
images.rgb.test <- cifar_test$images.rgb
images.lab.test <- cifar_test$images.lab
rm(cifar_test)
```

4. 之前函数的结果是每张图及其标签的红色、绿色和蓝色像素数据框列表。然后，使用以下函数将数据扁平化为两个数据框列表（一个用于输入，另一个用于输出）。该函数有两个参数：输入变量列表（x_listdata）和输出变量列表（y_listdata）。

```
# 扁平化数据的函数
flat_data <- function(x_listdata,y_listdata){
# 扁平化输入变量 x
x_listdata <- lapply(x_listdata,function(x){unlist(x)})
x_listdata <- do.call(rbind,x_listdata)
```

```
# 扁平化输出变量 y
y_listdata <- lapply(y_listdata,function(x){a=c(rep(0,10)); a[x]=1;
return(a)})
y_listdata <- do.call(rbind,y_listdata)
# 返回扁平化的 x 和 y 变量
return(list("images"=x_listdata, "labels"=y_listdata))
}
# 生成扁平化的训练和测试数据集
train_data <- flat_data(x_listdata = images.rgb.train, y_listdata =
images.lab.train)
test_data <- flat_data(x_listdata = images.rgb.test, y_listdata =
images.lab.test)
```

5．一旦输入和输出列表以及训练和测试数据框列表准备就绪，就通过绘制具有标签的图像来执行完整性检查。该函数需要两个必需的参数（index，图像的行编号；images.rgb，扁平化的输入数据集）和一个可选参数（images.lab，扁平化的输出数据集）。

```
labels <- read.table("Cifar_10/batches.meta.txt")
# 对照片和标签输入执行完整性检查的函数
drawImage <- function(index, images.rgb, images.lab=NULL) {
require(imager)
# 测试解析：将每个颜色层转换为矩阵
# 组合成一个 rgb 对象，并展示为一张图
img <- images.rgb[[index]]
img.r.mat <- as.cimg(matrix(img$r, ncol=32, byrow = FALSE))
img.g.mat <- as.cimg(matrix(img$g, ncol=32, byrow = FALSE))
img.b.mat <- as.cimg(matrix(img$b, ncol=32, byrow = FALSE))
img.col.mat <- imappend(list(img.r.mat,img.g.mat,img.b.mat),"c")
# 将三个通道绑定到一张图
# 提取标签
if(!is.null(images.lab)){
lab = labels[[1]][images.lab[[index]]]
}
# 绘图并输出标签
plot(img.col.mat,main=paste0(lab,":32x32 size",sep=" "),xaxt="n")
axis(side=1, xaxp=c(10, 50, 4), las=1)
return(list("Image label" =lab,"Image description" =img.col.mat))
}
#从训练数据集中，随机绘制一张带标签和描述的图像
drawImage(sample(1:50000, size=1), images.rgb.train,
images.lab.train)
```

6．现在使用最小 - 最大标准化（Min-Max Standardization）技术来转换输入

数据。包中的 preProcess 函数可用于归一化。该方法的“range”选项执行最小 - 最大归一化（Min-Max Normalization），如下所示：

```
# 归一化数据的函数
Require(caret)
normalizeObj<-preProcess(train_data$images, method="range")
train_data$images<-predict(normalizeObj, train_data$images)
test_data$images <- predict(normalizeObj, test_data$images)
```

3.2.3 工作原理

我们来看看在上一小节中做了什么。在 3.2.2 小节的步骤 2 中，我们从提到的链接中下载了 CIFAR-10 数据集，以防其不存在于给定的链接或工作目录中。在步骤 3 中，将解压缩的文件作为训练和测试数据集加载到 R 环境中。训练数据集有一个 50,000 张图像的列表，测试数据集有一个 10,000 张带标签的图像列表。然后，在步骤 4 中，训练和测试数据集被扁平化为两个数据框列表：一个长度为 3,072（红色 1,024、绿色 1,024、蓝色 1,024）的输入变量（或图像），一个长度为 10（每个类的二进制）的输出变量（或标签）。在步骤 5 中，我们通过生成图对创建的训练和测试数据集进行完整性检查。图 3-1（CIFAR-10 数据集中的类别示列）显示了一组 6 个训练图像及其标签。最后，在步骤 6 中，使用最小 - 最大标准化技术来转换输入数据。

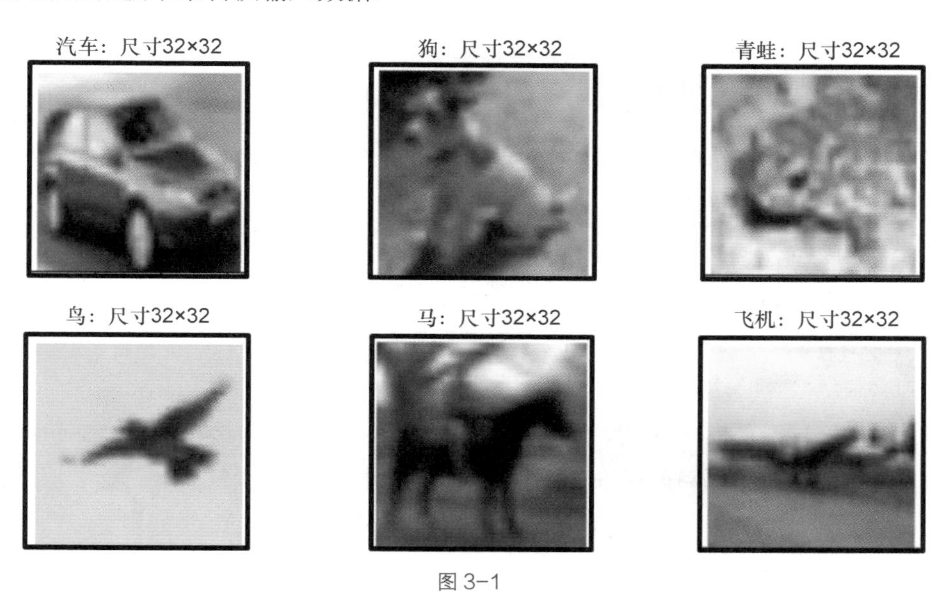

图 3-1

3.3 学习 CNN 分类器的架构

本节介绍的 CNN 分类器有两个卷积层，最后两个为完全连接层，其中最后一层使用 Softmax 激活函数作为分类器。

3.3.1 做好准备

首先我们需要 CIFAR-10 数据集。因此，应该下载 CIFAR-10 数据集，并将其加载到 R 环境中。此外，图像的大小为 32×32 像素。

3.3.2 怎么做

我们来定义 CNN 分类器的配置，如下所示。

1．每个输入图像（CIFAR-10）的大小为 32×32 像素，可以标记为 10 个类别之一：

```
# CIFAR 图像为 32×32 像素
img_width = 32L
img_height = 32L

# 使用图像高度和宽度的元组重新生成数组
img_shape = c(img_width, img_height)
# 类数量，每 10 个图像为一个类别
num_classes = 10L
```

2．CIFAR-10 数据集的图像有 3 个通道（红色，绿色和蓝色）：

```
# 图像颜色通道的数量：红色、蓝色和绿色 3 个通道
num_channels = 3L
```

3．图像存储在以下长度（img_size_flat）的一维数组中：

```
# 图像存储在一维数组中的长度
img_size_flat = img_width * img_height * num_channels
```

4．在第一个卷积层中，卷积滤波器的大小（filter_size1）（宽 × 高）为 5×5 像素，卷积滤波器的深度（或数量，num_filters1）为 64：

```
# 卷积层 1
filter_size1 = 5L
```

```
num_filters1 = 64L
```

5．在第二卷积层中，卷积滤波器的大小和深度与第一卷积层相同：

```
# 卷积层 2
filter_size2 = 5L
num_filters2 = 64L
```

6．类似地，第一完全连接层的输出与第二完全连接层的输入相同：

```
# 完全连接层
fc_size = 1024L
```

3.3.3 工作原理

输入图像的尺寸和特征分别显示在 3.3.2 小节的步骤 1 和步骤 2 中。如 3.3.2 节中的步骤 4 和步骤 5 所定义的，每个输入图像在卷积层中使用一组滤波器进一步处理。第一个卷积层产生一组 64 张图像（每组滤波器一个）。 此外，这些图像的分辨率也减少到了一半（由于 2×2 最大池），即从 32×32 像素减少到 16×16 像素。

第二个卷积层将输入这 64 张图像，并提供进一步降低分辨率的新 64 张图像的输出。更新后的分辨率现在是 8×8 像素（同样是由于 2×2 的最大池）。在第二卷积层中，总共创建了 64×64=4,096 个滤波器，然后将其进一步卷积成 64 个输出图像（或通道）。请记住，这 64 张 8×8 分辨率的图像对应单个输入图像。

进一步，如 3.3.2 小节中的步骤 3 所定义的，这些 64 张 8×8 像素的输出图像被扁平化为长度为 4,096（8×8×64）的单向量，并被用作 3.3.2 小节的步骤 6 中所定义的给定的一组神经元的完全连接层的输入。然后将 4,096 个元素的向量反馈到 1,024 个神经元的第一完全连接层。输出神经元再次被反馈到 10 个神经元的第二完全连接层（等于 num_classes）。这 10 个神经元代表每个类别标签，然后用于确定图像的最终类别。

首先，卷积和完全连接的层的权重被随机地进行初始化，直到分类阶段（CNN 图的结尾）。此处，根据真实类别和预测类别（也称为交叉熵）来计算分类错误。

然后，优化器使用微分链式法则在卷积网络反向传播误差，之后更新层（或滤波器）的权重，使误差最小化。一个向前和向后传播的整个循环被称为一次迭代。执行数千次这样的迭代直到分类错误被降低到足够低的值。

通常，使用一批图像而不是单个图像来执行这些迭代，以提高计算的效率。

图 3-2 描绘了本章设计的卷积网络。

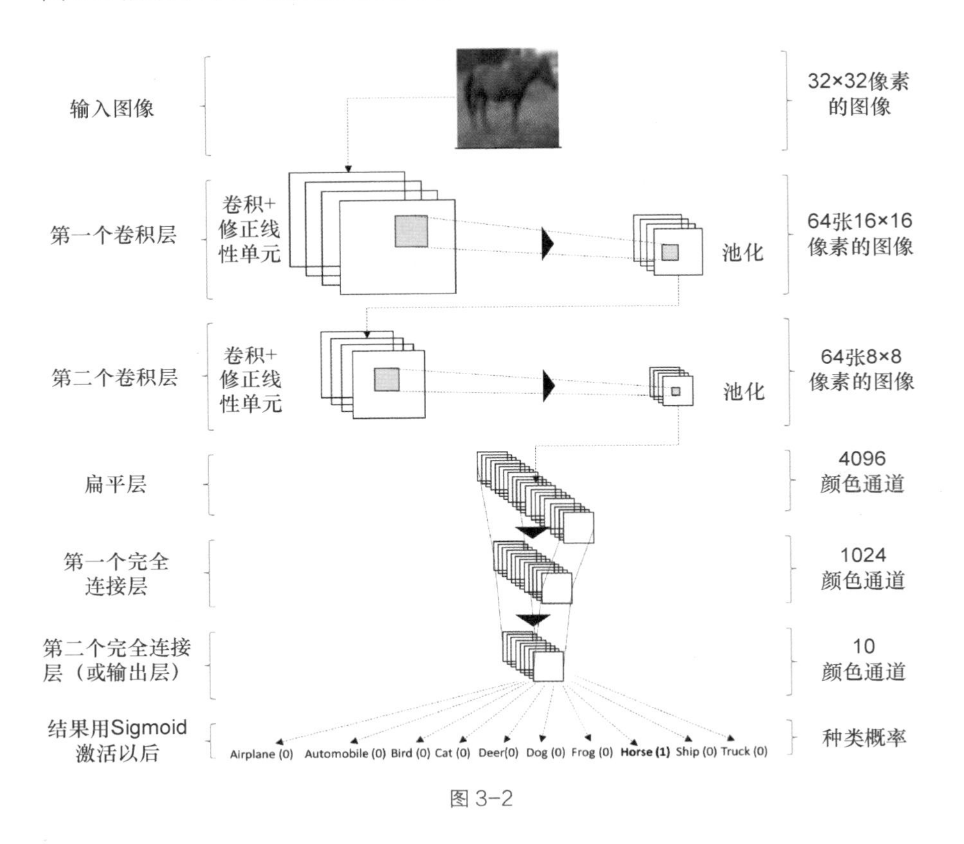

图 3-2

3.4 使用函数初始化权重和偏差

权重和偏差是任何深度神经网络优化必不可少的组成部分，此处我们定义一些函数来自动执行这些初始化。以小噪声初始化权重来打破对称性并防止零梯度是很好的做法。此外，小的初始化正偏差将避免神经元失活，适合于 ReLU 激活神经元。

3.4.1 做好准备

权重和偏差是在模型编译之前需要初始化的模型系数。此步骤要求根据输入数据集确定 shape 参数。

3.4.2 怎么做

1. 以下函数用于随机返回初始化权重：

```
# 权重初始化
weight_variable <- function(shape) {
initial <- tf$truncated_normal(shape, stddev=0.1)
tf$Variable(initial)
}
```

2. 以下函数用于返回常量偏差：

```
bias_variable <- function(shape) {
initial <- tf$constant(0.1, shape=shape)
tf$Variable(initial)
}
```

3.4.3 工作原理

这些函数返回 TensorFlow 变量，稍后变量被用作 TensorFlow 图形的一部分。shape 被定义为在卷积层中规定过滤器的属性列表，在下一节中将会介绍。权重随机初始化，标准偏差等于 0.1，且偏差初始化为定值 0.1。

3.5 使用函数创建一个新的卷积层

创建卷积层是 CNN TensorFlow 计算图中的主要步骤。该函数主要用于定义 TensorFlow 图形中的数学公式，之后在优化过程中用于实际计算。

3.5.1 做好准备

定义并加载输入数据集。本节中出现的 create_conv_layer 函数有以下 5 个输入参数，并需要在配置卷积层时定义。

1. input：这是四维张量（或者列表），包括多个（输入）图像、每张图的高度（此处为 32L）、每张图的宽度（此处为 32L）以及每张图通道的数量（此处为 3L：红色、蓝色和绿色）。

2. num_input_channels：这被定义为在第一卷积层的情况下的颜色通道的数量或在随后的卷积层的情况下的过滤器通道的数量。

3. filter_size：这被定义为卷积层中每个过滤器的宽度和高度。此处，假定过滤器为正方形。

4. num_filters：这被定义为给定卷积层中过滤器的数量。

5. use_pooling：这是一个二进制变量，用于执行 2×2 最大池化。

3.5.2 怎么做

1. 执行以下函数以创建一个新的卷积层：

```
# 创建一个新的卷积层
create_conv_layer <- function(input,
num_input_channels,
filter_size,
num_filters,
use_pooling=True)
{
# 卷积过滤器权重的形状
shape1 = shape(filter_size, filter_size, num_input_channels,
num_filters)
# 创建新的权重
weights = weight_variable(shape=shape1)
# 创建新的偏差
biases = bias_variable(shape=shape(num_filters))
# 为卷积创建 TensorFlow 操作
layer = tf$nn$conv2d(input=input,
filter=weights,
strides=shape(1L, 1L, 1L ,1L),
padding="SAME")
# 将偏差添加到卷积的结果中
layer = layer + biases
# 使用池化（二进制标志）来减少图像分辨率
```

```
if(use_pooling){
layer = tf$nn$max_pool(value=layer,
ksize=shape(1L, 2L, 2L, 1L),
strides=shape(1L, 2L, 2L, 1L),
padding='SAME')
}
# 使用 ReLU 添加非线性
layer = tf$nn$relu(layer)
# 返回结果层和更新的权重
return(list("layer" = layer, "weights" = weights))
}
```

2. 运行以下函数以生成卷积层图：

```
drawImage_conv <- function(index, images.bw,
images.lab=NULL,par_imgs=8) {
require(imager)
img <- images.bw[index,,,]
n_images <- dim(img)[3]
par(mfrow=c(par_imgs,par_imgs), oma=c(0,0,0,0),
mai=c(0.05,0.05,0.05,0.05),ann=FALSE,ask=FALSE)
for(i in 1:n_images){
img.bwmat <- as.cimg(img[,,i])
# 提取标签
if(!is.null(images.lab)){
lab = labels[[1]][images.lab[[index]]]
}
# 绘图并输出标签
plot(img.bwmat,axes=FALSE,ann=FALSE)
}
par(mfrow=c(1,1))
}
```

3. 运行以下函数以生成卷积层权重图：

```
drawImage_conv_weights <- function(weights_conv, par_imgs=8) {
require(imager)
n_images <- dim(weights_conv)[4]
par(mfrow=c(par_imgs,par_imgs), oma=c(0,0,0,0),
mai=c(0.05,0.05,0.05,0.05),ann=FALSE,ask=FALSE)
for(i in 1:n_images){
img.r.mat <- as.cimg(weights_conv[,,1,i])
img.g.mat <- as.cimg(weights_conv[,,2,i])
img.b.mat <- as.cimg(weights_conv[,,3,i])
img.col.mat <- imappend(list(img.r.mat,img.g.mat,img.b.mat),"c")
# 将 3 个通道绑定到一个图像中
```

```
# 绘图并输出标签
plot(img.col.mat,axes=FALSE,ann=FALSE)
}
par(mfrow=c(1,1))
}
```

3.5.3 工作原理

函数从创建形状张量开始，即过滤器的宽度、过滤器的高度、输入通道的数量和给定过滤器的数量这 4 个整数的列表。使用这种形状张量，用所定义的形状初始化一个新的权重张量，并为每个过滤器创建一个新的（常数）偏差。

一旦需要的权重和偏差被初始化，就使用 tfnnconv2d 函数为卷积创建一个 TensorFlow 操作。 在我们当前的配置中，所有 4 个维度的步长都设置为 1，并且边距设置为相同（SAME）。第一个和最后一个默认设置为 1，但中间的两个可以考虑更高的步长。步长是我们允许过滤器矩阵在输入（图像）矩阵上滑动的像素数量。

步长为 3，将意味着每个过滤器片在 x 或 y 轴上有 3 个像素跳跃。较小的步长会产生较大的特征映射，因此需要较高的收敛计算。当内边距设置为 SAME 时，输入（图像）矩阵在边框周围填充零，以便我们可以将过滤器应用于输入矩阵的边框元素。使用此特征，我们可以控制输出矩阵（或特征映射）的大小与输入矩阵相同。

在卷积中，为每个跟随着池化的过滤器通道添加偏差数值，以防止过度拟合。在当前设置中，执行 2×2 最大池化（使用 tfnnmax_pool）来缩小图像分辨率。此处，我们考虑 2×2（ksize）大小的窗口并选择每个窗口中的最大值。这些窗口在 x 或 y 方向上跨两个像素（步长）。

池化时，我们使用 ReLU 激活函数（tfnnrelu）为层添加非线性。在 ReLU 中，在过滤器中触发每个像素，并且使用 max(x,0) 函数将所有负像素值替换为零，其中 x 是像素值。通常，在池化之前执行 ReLU 激活。但是，由于我们使用的是最大池化（Max-Pooling），因此它不一定会像这样影响结果，因为 relu(max_pool(x)) 等同于 max_pool(relu(x))。因此，通过在池化之后应用 ReLU，我们可以节省大量的 ReLU 操作（～ 75%）。

最后，该函数返回一个卷积层及其相应权重的列表。卷积层是具有以下属性的 4 维张量：

- （输入）图像的数量，同输入（input）一样；
- 每张图的高度（在 2×2 最大池化的情况下减少到一半）；
- 每张图像的宽度（在 2×2 最大池化的情况下减少到一半）；
- 产生的通道数量，每个卷积过滤器一个。

3.6 使用函数创建一个扁平化的卷积层

新创建卷积层的四维结果被扁平化为二维层，以便它可以用作完全连接的多层感知器的输入。

3.6.1 做好准备

本小节解释如何在构建深度学习模型之前将卷积层扁平化。给定函数（flatten_conv_layer）的输入基于前一层定义的 4 维卷积层。

3.6.2 怎么做

运行以下函数以扁平化卷积层：

```
flatten_conv_layer <- function(layer){
# 提取输入层的形状
layer_shape = layer$get_shape()
# 计算特征的数量，如 img_height * img_width *
num_channels
num_features =
prod(c(layer_shape$as_list()[[2]],layer_shape$as_list()[[3]],layer_
shape$as_list()[[4]]))
# 将层重塑为 [num_images, num_features]
layer_flat = tf$reshape(layer, shape(-1, num_features))
# 返回扁平化的层和特征的数量
return(list("layer_flat"=layer_flat, "num_features"=num_features))
}
```

3.6.3 工作原理

该函数从提取给定输入层的形状开始。如前面的章节中所述，输入层的形状由 4 个整数组成：图像编号，图像高度，图像宽度和图像中颜色通道的数量。然后使用图像高度、图像权重和颜色通道数量的点积来评估特征的数量（num_features）。

接着，将该层被扁平化或重塑为二维张量（使用 tf$reshape）：第一个维度设置为 -1（等于图像总数），第二个维度是特征的数量。

最后，该函数返回一个扁平化的层列表以及特征（输入）总数量。

3.7　使用函数扁平化密集连接层

CNN 通常以在输出层中使用 Softmax 激活的完全连接的多层感知器结束。此处，前一个卷积扁平化层中的每个神经元连接到下一个层（完全连接的）中的每个神经元。

完全卷积层的关键目的是使用卷积和池化阶段生成的特征将给定的输入图像分类为各种结果类别（此处为 10L）。它还有助于学习这些特征的非线性组合来定义结果类别。

在本章中，我们使用两个完全连接层进行优化。该函数主要用于定义 TensorFlow 图形中的数学公式，稍后在优化过程中用于实际计算。

3.7.1　做好准备

create_fc_layer 函数有 4 个输入参数，如下所示。

- input：与新的卷积层函数的输入类似。
- num_inputs：扁平化卷积层后生成的输入特征的数量。
- num_outputs：与输入神经元完全连接的输出神经元的数量。
- use_relu：只有在最终完全连接层的情况下，才采用设置为错误（FALSE）的二进制标志。

3.7.2　怎么做

运行以下函数以创建一个新的完全连接层：

```
# 创建一个新的完全连接层
create_fc_layer <- function(input,
num_inputs,
num_outputs,
use_relu=True)
{
# 创建新的权重和偏差
weights = weight_variable(shape=shape(num_inputs, num_outputs))
biases = bias_variable(shape=shape(num_outputs))
# 执行输入层与权重的矩阵乘法，然后添加偏差
layer = tf$matmul(input, weights) + biases
# 是否使用 ReLU
if(use_relu){
layer = tf$nn$relu(layer)
}
return(layer)
}
```

3.7.3 工作原理

函数 create_fc_layer 从初始化新的权重和偏差开始。然后，执行输入层与初始化权重的矩阵乘法，并添加相关的偏差。

如果完全连接层不是 CNN TensorFlow 图的最后一层，就可以执行 ReLU 非线性激活。最后，返回完全连接层。

3.8 定义占位符变量

在本节中，我们定义一个占位符变量，作为 TensorFlow 计算图中模块的输入。这些通常是张量形式的多维数组或矩阵。

3.8.1 做好准备

占位符变量的数据类型被设置为 float32（tf$float32），并将形状设置为二维张量。

3.8.2 怎么做

1．创建一个输入占位符变量：

```
x = tf$placeholder(tf$float32, shape=shape(NULL, img_size_flat),
name='x')
```

占位符中的 NULL 值允许我们传递不确定的数组大小。

2．将输入占位符 *x* 重塑为 4 维张量：

```
x_image = tf$reshape(x, shape(-1L, img_size, img_size,
num_channels))
```

3．创建一个输出占位符变量：

```
y_true = tf$placeholder(tf$float32, shape=shape(NULL, num_classes),
name='y_true')
```

4．使用 argmax 获取输出的类（true）：

```
y_true_cls = tf$argmax(y_true, dimension=1L)
```

3.8.3　工作原理

在 3.8.2 小节的步骤 1 中，我们定义了一个输入占位符变量。形状张量的维度为 NULL 和 img_size_flat。 将前者设置成可保存任意数量图像（作为行），后者定义每张图像输入特征的长度（作为列）。 在 3.8.2 小节的步骤 2 中，输入的二维张量被重塑为一个 4 维张量，可以作为输入卷积层。4 个维度如下：

- 第一个定义了输入图像的数量（当前设置为 -1）；
- 第二个定义每张图的高度（相当于图像大小 32L）；
- 第三个定义每张图的宽度（相当于图像大小，同样是 32L）；
- 第四个定义每张图中的颜色通道数量（此处为 3L）。

在 3.8.2 小节的步骤 3 中，我们定义一个输出占位符变量来保存 *x* 中图像的真实类或标签。形状张量的维度为 NULL 和 num_classes。前者被设置为保存任意数量的图像（作为行），后者将每张图的真实类别定义为长度为 num_classes 的二进制向量（作为列）。在我们的场景中，有 10 类。在 3.8.2 小节的步骤 4 中，我们将二维输出占位符压缩为类别号从 1 到 10 的一维张量。

3.9　创建第一个卷积层

在本节中，我们来创建第一个卷积层。

3.9.1 做好准备

在“使用函数创建一个新的卷积层”一节（见 3.5 节）中定义了函数 create_conv_layer，以下是其输入。

- input：一个 4 维重塑的输入占位符变量，即 x_image。
- num_input_channels：彩色通道的数量，即 num_channels。
- filter_size：过滤器层的高度和宽度，即 filter_size1。
- num_filters：过滤层的深度，即 num_filters1。
- use_pooling：设置为正确（TRUE）的二进制标志。

3.9.2 怎么做

1. 使用前面的输入参数运行 create_conv_layer 函数：

```
# 卷积层 1
conv1 <- create_conv_layer(input=x_image,
num_input_channels=num_channels,
filter_size=filter_size1,
num_filters=num_filters1,
use_pooling=TRUE)
```

2. 提取第一个卷积层的层（layers）：

```
layer_conv1 <- conv1$layer
conv1_images <- conv1$layer$eval(feed_dict = dict(x =
train_data$images, y_true = train_data$labels))
```

3. 提取第一个卷积层的最终权重（weights）：

```
weights_conv1 <- conv1$weights
weights_conv1 <- weights_conv1$eval(session=sess)
```

4. 生成第一个卷积层绘图：

```
drawImage_conv(sample(1:50000, size=1), images.bw = conv1_images,
images.lab=images.lab.train)
```

5. 生成第一个卷积层的权重图：

```
drawImage_conv_weights(weights_conv1)
```

3.9.3 工作原理

在 3.9.2 小节的步骤 1 和步骤 2 中，我们创建了第一个 4 维的卷积层：第一维度表示任意数量的输入图像；第二维度和第三维度表示每个卷积图像的高度（16 个像素）和宽度（16 个像素）；第 4 个维度表示生成的通道（64），每个卷积过滤器一个。在 3.9.2 小节的步骤 3 和步骤 5 中，我们提取卷积层的最终权重并绘图，如图 3-3 所示。在 3.9.2 小节的步骤 4 中，我们绘制第一个卷积层的输出，如图 3-4 所示。

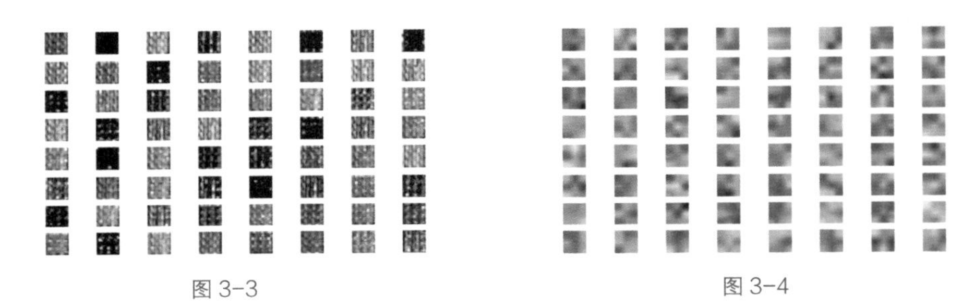

图 3-3　　　　图 3-4

3.10 创建第二个卷积层

在本节中，我们来创建第二个卷积层。

3.10.1 做好准备

在“使用函数创建一个新的卷积层”一节（见 3.5 节）中定义了函数 create_conv_layer，以下是其输入。

- input：第一个卷积层的四维输出，即 layer_conv1。
- num_input_channels：第一个卷积层中过滤器的数目（或深度），即 num_filters1。
- filter_size：过滤器层的高度和宽度，即 filter_size2。
- num_filters：过滤器层的深度，即 num_filters2。
- use_pooling：设置为正确（TRUE）的二进制标志。

3.10.2 怎么做

1. 使用前面的输入参数运行 create_conv_layer 函数：

```
# 卷积层 2
conv2 <- create_conv_layer(input=layer_conv1,
num_input_channels=num_filters1,
filter_size=filter_size2,
num_filters=num_filters2,
use_pooling=TRUE)
```

2. 提取第二个卷积层的层（layers）：

```
layer_conv2 <- conv2$layer
conv2_images <- conv2$layer$eval(feed_dict = dict(x =
train_data$images, y_true = train_data$labels))
```

3. 提取第二个卷积层的最终权重（weights）：

```
weights_conv2 <- conv2$weights
weights_conv2 <- weights_conv2$eval(session=sess)
```

4. 生成第二个卷积层绘图：

```
drawImage_conv(sample(1:50000, size=1), images.bw = conv2_images,
images.lab=images.lab.train)
```

5. 生成第二个卷积层的权重图：

```
drawImage_conv_weights(weights_conv2)
```

3.10.3 工作原理

在 3.10.2 小节的步骤 1 和步骤 2 中，我们创建了第二个 4 维卷积层：第一维度表示任意数量的输入图像；第二维度和第三维度表示每张卷积图像的高度（8 个像素）和宽度（8 个像素）；第四维度表示产生的通道数量（64），每个卷积过滤器一个。

在 3.10.2 小节的步骤 3 和步骤 5 中，我们提取卷积层的最终权重并绘图，如图 3-5 所示。

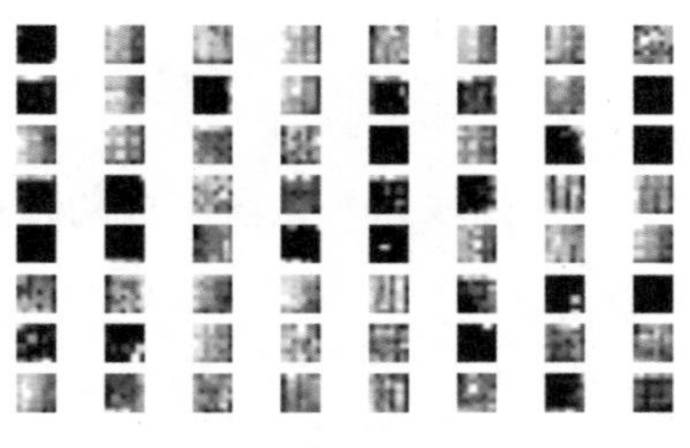

图 3-5

在 3.10.2 小节的步骤 4 中，我们绘制第二个卷积层的输出，如图 3-6 所示。

	预测									
实际	1	2	3	4	5	6	7	8	9	10
1	582	36	50	28	55	22	22	29	117	59
2	46	598	9	30	24	24	13	24	38	194
3	62	18	348	100	177	96	89	63	20	27
4	21	25	80	368	88	211	83	66	21	37
5	29	17	106	80	439	74	119	103	19	14
6	17	17	80	211	70	416	65	89	12	23
7	5	23	66	87	89	64	594	41	6	25
8	23	32	49	89	106	82	41	520	11	47
9	108	67	14	29	37	17	11	19	632	66
10	41	151	12	48	16	27	24	56	63	562

图 3-6

3.11　扁平化第二个卷积层

在本节中，我们扁平化创建的第二个卷积层。

3.11.1　做好准备

以下是在“创建第二个卷积层”一节（见 3.10 节）中定义的函数 flatten_conv_layer 的输入。

- Layer：第二个卷积层的输出，即 layer_conv2。

3.11.2　怎么做

1．使用前面的输入参数运行 flatten_conv_layer 函数：

```
flatten_lay <- flatten_conv_layer(layer_conv2)
```

2．提取扁平化层：

```
layer_flat <- flatten_lay$layer_flat
```

3．提取为每张图生成的特征（输入）的数量：

```
num_features <- flatten_lay$num_features
```

3.11.3　工作原理

在将第二卷积层的输出与完全连接网络连接之前，在 3.11.2 小节的步骤 1

中，我们将 4 维卷积层重塑为二维张量；第一维表示任意数量的输入图像（作为行）；第二维表示为每个长度为 4,096 的图像生成的特征的扁平化向量，即 8×8×64（作为列）。3.11.2 小节的步骤 2 和步骤 3 验证了重塑层的维度和输入特征。

3.12 创建第一个完全连接的层

在本节中，我们来创建第一个完全连接的层。

3.12.1 做好准备

以下是在“使用函数扁平化密集连接层”一节（见 3.7 节）中定义的函数 create_fc_layer 的输入。

- input：扁平的卷积层，即 layer_flat。
- num_inputs：扁平后创建的特征的数量，即 num_features。
- num_outputs：完全连接的神经元输出的数量，即 fc_size。
- use_relu：设置为正确（TRUE）的二进制标志，以便在张量中引入非线性。

3.12.2 怎么做

使用前面的输入参数运行 create_fc_layer 函数：

```
layer_fc1 = create_fc_layer(input=layer_flat,
num_inputs=num_features,
num_outputs=fc_size,
use_relu=TRUE)
```

3.12.3 工作原理

此处，我们创建一个返回二维张量的完全连接层：第一维表示任意数量的图像（输入）；第二维表示输出神经元的数量（此处为 1,024）。

3.13 将 dropout 应用于第一个完全连接的层

在本节中，我们将 dropout 应用到完全连接层的输出，以降低过度拟合的可能性。dropout 步骤包括在学习过程中随机移除一些神经元。

3.13.1　做好准备

将 dropout 连接到层的输出。因此，建立并加载模型初始结构。例如，在 dropout 当前层中定义 layer_fc1，在其上应用 dropout。

3.13.2　怎么做

1．为 dropout 创建一个可以将概率作为输入的占位符：

```
keep_prob <- tf$placeholder(tf$float32)
```

2．使用 TensorFlow 的 dropout 函数来处理神经元输出的缩放（scaling）和遮蔽（masking）：

```
layer_fc1_drop <- tf$nn$dropout(layer_fc1, keep_prob)
```

3.13.3　工作原理

在 3.13.2 小节的步骤 1 和步骤 2 中，我们可以根据输入概率（或百分比）丢弃（或遮蔽）输出神经元。训练期间通常允许 dropout，并且可以在测试期间关闭（通过将概率设定为 1 或 NULL）。

3.14　创建第二个带有 dropout 的完全连接层

在本节中，我们创建第二个带有 dropout 的完全连接层。

3.14.1　做好准备

以下是“使用函数扁平化密集连接层”一节（见 3.7 节）中定义的函数 create_fc_layer 的输入。

- input：第一个完全连接层的输出，即 layer_fc1。
- num_inputs：第一个完全连接层的输出中特征的数量，即 fc_size。
- num_outputs：完全连接的神经元输出的数量（等于标签的数量，即 num_

classes）。

- use_rule：设置为错误（FALSE）的二进制标志。

3.14.2 怎么做

1. 使用前面的输入参数运行 create_fc_layer 函数：

```
layer_fc2 = create_fc_layer(input=layer_fc1_drop,
num_inputs=fc_size,
num_outputs=num_classes,
use_relu=FALSE)
```

2. 使用 TensorFlow 的 dropout 函数来处理神经元输出的缩放（scaling）和遮蔽（masking）：

```
layer_fc2_drop <- tf$nn$dropout(layer_fc2, keep_prob)
```

3.14.3 工作原理

在 3.14.2 小节的步骤 1 中，我们创建一个返回二维张量的完全连接层：第一维表示任意数量的图像（输入）；第二维表示输出神经元的数量（此处为 10 个类别标签）。在 3.14.2 小节的步骤 2 中，我们提供了在网络训练期间主要使用的 dropout 选项。

3.15 应用 Softmax 激活以获得预测的类

在本节中，我们将使用 Softmax 激活对第二个完全连接层的输出进行归一化，使得每个类的值（概率）限制在 0 和 1 之间，并且 10 个类中所有值的和为 1。

3.15.1 做好准备

在管线末端，在深度学习模型生成的预测上应用激活函数。在执行该步骤之前，需要执行管线中的所有步骤。本节需要 TensorFlow 库。

3.15.2 怎么做

1. 在第二个完全连接层的输出上运行 Softmax 激活函数：

```
y_pred = tf$nn$softmax(layer_fc2_drop)
```

2．使用 argmax 函数来确定标签的类号。它是具有最大值（概率）的类别的索引：

```
y_pred_cls = tf$argmax(y_pred, dimension=1L)
```

3.16　定义用于优化的成本函数

成本函数主要用于通过比较真实类别标签（y_true_cls）与预测类别标签（y_pred_cls）来评估模型当前的性能。基于当前的性能，优化器将微调网络参数，例如权重和偏差，以进一步提高模型的性能。

3.16.1　做好准备

成本函数的定义是至关重要的，因为它将决定优化标准。成本函数定义将要求真实的类和预测的类进行比较。在本节中使用的目标函数是交叉熵，用于多分类问题。

3.16.2　怎么做

1．使用 TensorFlow 中的交叉熵函数评估每幅图像的当前性能。由于 TensorFlow 中的交叉熵函数在内部应用 Softmax 归一化，因此我们提供在 dropout（layer_fc2_drop）后完全连接层的输出以及真实标签（y_true）作为输入。

```
cross_entropy =
tf$nn$softmax_cross_entropy_with_logits(logits=layer_fc2_drop,
labels=y_true)
```

在当前成本函数中，嵌入了 Softmax 激活函数，因此激活函数不需要单独定义。

2．计算交叉熵的平均值，需要使用优化器将其最小化。

```
cost = tf$reduce_mean(cross_entropy)
```

3.16.3　工作原理

在 3.16.2 小节的步骤 1 中，我们定义了一个交叉熵来评估分类的性能。基于真实和预测标签之间的精确匹配，交叉熵函数返回一个正值，并且遵循连续分布。由于零交叉熵确保完全匹配，因此优化器倾向于通过更新诸如权重和偏差之类的网络参数使交叉熵最小化为零值。交叉熵函数为每个单独的图像返回一个值，需要将其进一步压缩为单个标量值，这可以在优化器中使用。因此，在 3.16.2 小节的步骤 2 中，我们计算交叉熵输出的简单平均值并将其作为成本（cost）存储起来。

3.17 执行梯度下降成本优化

在本节中，我们定义一个可以最小化成本的优化器。优化后，检查 CNN 的性能。

3.17.1 做好准备

定义优化器首先需要定义好成本函数，因为它是优化器的输入。

3.17.2 怎么做

1．运行 Adam 优化器，目的是为给定 learning_rate 最小化成本：

```
optimizer = tf$train$AdamOptimizer(learning_rate=1e-4)$minimize(cost)
```

2．提取 correct_predictions 的数量并计算平均百分比准确度：

```
correct_prediction = tf$equal(y_pred_cls, y_true_cls)
accuracy = tf$reduce_mean(tf$cast(correct_prediction, tf$float32))
```

3.18 在 TensorFlow 会话中执行图

到目前为止，我们只创建张量对象，并将它们添加到 TensorFlow 图形以供稍后执行。在本节中，我们将学习如何创建一个可用于执行（或运行）TensorFlow 图形的 TensorFlow 会话。

3.18.1 做好准备

在运行图之前，我们应该已经安装 TensorFlow 并加载到 R 中。安装细节可以在第 1 章中找到。

3.18.2 怎么做

1. 加载 TensorFlow 库并导入 numpy 包：

```
library(tensorflow)
np <- import("numpy")
```

2. 重置或删除任何存在的默认图（default_graph）：

```
tf$reset_default_graph()
```

3. 启动一个交互会话（InteractiveSession）：

```
sess <- tf$InteractiveSession()
```

4. 初始化全局变量（global_variables）：

```
sess$run(tf$global_variables_initializer())
```

5. 运行迭代来执行优化（训练）：

```
# 训练模型
train_batch_size = 128L
for (i in 1:100) {
spls <- sample(1:dim(train_data$images)[1],train_batch_size)
if (i %% 10 == 0) {
train_accuracy <- accuracy$eval(feed_dict = dict(
x = train_data$images[spls,], y_true = train_data$labels[spls,],
keep_prob = 1.0))
cat(sprintf("step %d, training accuracy %g\n", i, train_accuracy))
}
optimizer$run(feed_dict = dict(
x = train_data$images[spls,], y_true = train_data$labels[spls,],
keep_prob = 0.5))
}
```

6. 评估训练模型在测试数据上的性能：

```
# 测试模型
test_accuracy <- accuracy$eval(feed_dict = dict(
x = test_data$images, y_true = test_data$labels, keep_prob = 1.0))
cat(sprintf("test accuracy %g", test_accuracy))
```

3.18.3 工作原理

在某种程度上，3.18.2 小节中的步骤 1 ～步骤 4 是启动新的 TensorFlow 会话的默认方式。在3.18.2小节的步骤4中，初始化变量权重和偏差，在优化之前这是强制性的。3.18.2小节的步骤5主要是执行TensorFlow会话进行优化。由于我们有大量的训练图像，因此一次将所有图像输入优化器以计算最佳梯度在计算上会变得非常困难。

因此，选择128张图像的小随机样本，以在每次迭代中训练激活层（权重和偏差）。在当前的设置中，我们运行100次迭代，并报告每10次迭代的训练准确度。

可以根据集群配置或计算能力（CPU或GPU）来增加这些值，以获得更高的模型准确度。另外，在每次迭代中使用50%的dropout率来训练CNN。在3.18.2小节的步骤6中，我们可以评估训练模型在10,000张图像的测试数据上的性能。

3.19 评估测试数据的性能

在本节中，我们将使用混淆矩阵（Confusion Matrix）和绘图来研究在测试图像上训练的CNN的性能。

3.19.1 做好准备

绘图依赖包是imager和ggplot2。

3.19.2 怎么做

1. 获取测试图像实际（actual）或真实（true）类标签：

```
test_true_class <- c(unlist(images.lab.test))
```

2. 获取测试图像的预测类标签。请记住为每个类标签添加1，因为TensorFlow的起始索引（与Python相同）为0，R的起始索引为1：

```
test_pred_class <- y_pred_cls$eval(feed_dict = dict(
x = test_data$images, y_true = test_data$labels, keep_prob = 1.0))
test_pred_class <- test_pred_class + 1
```

3. 真实标签为行且预测标签为列，生成混淆矩阵：

```
table(actual = test_true_class, predicted = test_pred_class)
```

4. 生成混淆矩阵绘图：

```
confusion <- as.data.frame(table(actual = test_true_class,
predicted = test_pred_class))
plot <- ggplot(confusion)
plot + geom_tile(aes(x=actual, y=predicted, fill=Freq)) +
scale_x_discrete(name="Actual Class") +
scale_y_discrete(name="Predicted Class") +
scale_fill_gradient(breaks=seq(from=-.5, to=4, by=.2)) +
labs(fill="Normalized\nFrequency")
```

5. 运行辅助函数来绘制图像：

```
check.image <- function(images.rgb,index,true_lab, pred_lab) {
require(imager)
# 测试解析：将每个颜色层转换为矩阵
# 组合成一个 RGB 对象，并显示为一幅图像
img <- images.rgb[[index]]
img.r.mat <- as.cimg(matrix(img$r, ncol=32, byrow = FALSE))
img.g.mat <- as.cimg(matrix(img$g, ncol=32, byrow = FALSE))
img.b.mat <- as.cimg(matrix(img$b, ncol=32, byrow = FALSE))
img.col.mat <- imappend(list(img.r.mat,img.g.mat,img.b.mat),"c")
# 用实际标签和预测标签绘图
plot(img.col.mat,main=paste0("True: ", true_lab,":: Pred: ",
pred_lab),xaxt="n")
axis(side=1, xaxp=c(10, 50, 4), las=1)
}
```

6. 绘制随机的错误分类的测试图像：

```
labels <-
c("airplane","automobile","bird","cat","deer","dog","frog","horse",
"ship","truck")
# 绘制对测试图像的错误分类
plot.misclass.images <- function(images.rgb, y_actual,
y_predicted,labels){
# 获取错误分类的索引
indices <- which(!(y_actual == y_predicted))
id <- sample(indices,1)
# 用真实和预测的类来绘图
true_lab <- labels[y_actual[id]]
pred_lab <- labels[y_predicted[id]]
check.image(images.rgb,index=id,
true_lab=true_lab,pred_lab=pred_lab)
}
plot.misclass.images(images.rgb=images.rgb.test,y_actual=test_true_
class,y_predicted=test_pred_class,labels=labels)
```

3.19.3 工作原理

在 3.19.2 小节的步骤 1 ～步骤 3 中，我们提取真实和预测的测试类标签并创建了一个混淆矩阵。图 3-7 显示了当前测试预测的混淆矩阵。

	预测									
实际	1	2	3	4	5	6	7	8	9	10
1	582	36	50	28	55	22	22	29	117	59
2	46	598	9	30	24	24	13	24	38	194
3	62	18	348	100	177	96	89	63	20	27
4	21	25	80	368	88	211	83	66	21	37
5	29	17	106	80	439	74	119	103	19	14
6	17	17	80	211	70	416	65	89	12	23
7	5	23	66	87	89	64	594	41	6	25
8	23	32	49	89	106	82	41	520	11	47
9	108	67	14	29	37	17	11	19	632	66
10	41	151	12	48	16	27	24	56	63	562

图 3-7

700 次训练迭代后的测试准确度仅约为 51%，并且可以通过增加迭代次数，增加批的大小，配置层参数（如卷积层数，使用 2）、激活函数类型（使用 ReLU）、完全连接层数（使用两个）、优化目标函数（使用的准确性）、池化（使用最大 2×2）、dropout 概率和其他很多参数，来进一步提高。

3.19.2 小节的步骤 4 用于构建测试混淆矩阵的彩块图，如图 3-8 所示。

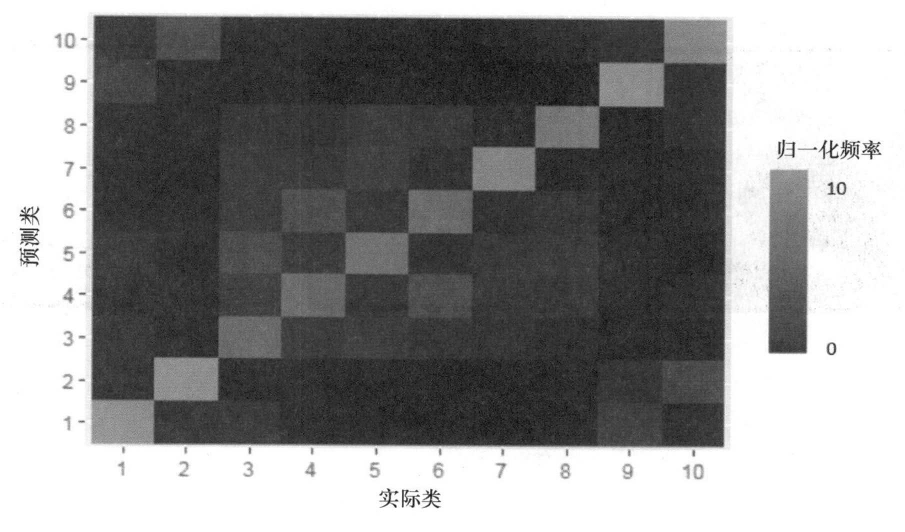

图 3-8

在 3.19.2 小节的步骤 5 中，我们定义了一个辅助函数来绘制图像以及包含真实类和预测类的头文件。 check.image 函数的输入参数为扁平化的输入数据集（images.rgb）、图像号（index）、真实标签（true_lab）和预测标签（pred_lab）。此处，红色、绿色和蓝色像素最初被解析出来，转换成一个矩阵，作为一个列表附加，并使用绘图函数显示为图像。

在 3.19.2 小节的步骤 6 中，我们使用 3.19.2 小节中步骤 5 的辅助函数绘制错误分类的测试图像。plot.misclass.images 函数的输入参数是扁平化的输入数据集（images.rgb）、真实标签向量（y_actual）、预测标签向量（y_predicted）以及唯一排序字符标签（labels）向量。此处，获得错误分类的图像的索引并随机选择一个索引来生成图。图 3-9 显示了一组包含真实和预测标签的 6 个错误分类图像。

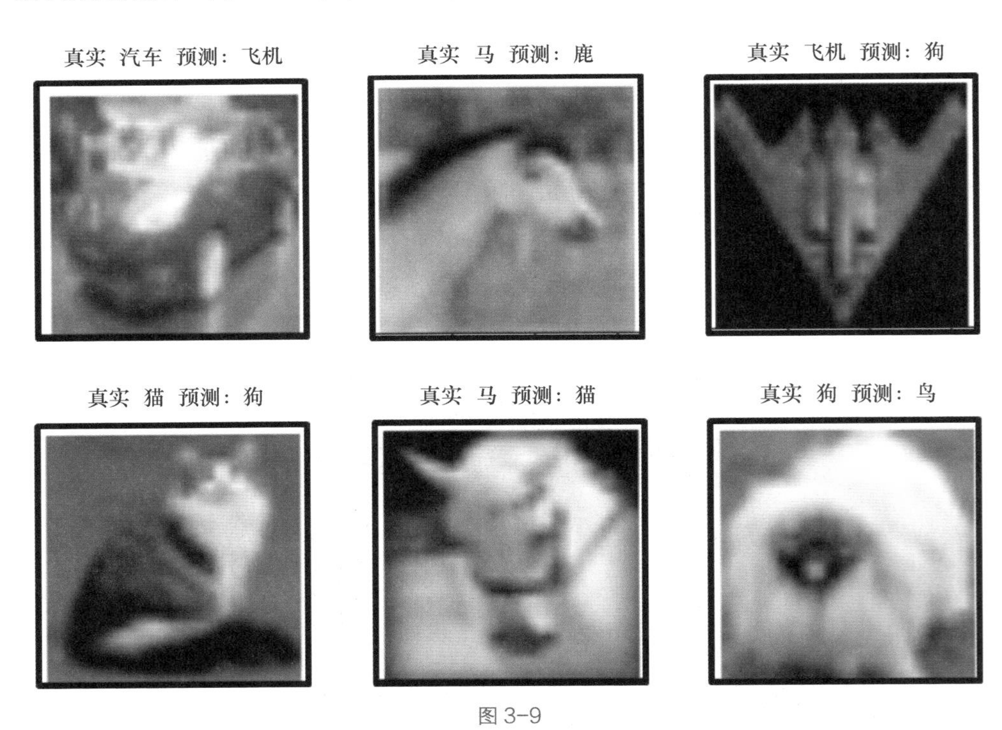

图 3-9

第 4 章 使用自动编码器的数据表示

本章将介绍使用自动编码器（Autoencoder）的无监督深度学习应用程序。在本章中，我们将介绍以下主题：

- 构建自动编码器；
- 数据归一化；
- 构建正则化自动编码器；
- 微调自动编码器的参数；
- 构建栈式自动编码器；
- 构建降噪自动编码器；
- 构建并比较随机编码器和解码器；
- 从自动编码器学习流形（Manifolds）；
- 评估稀疏分解。

4.1 介绍

神经网络旨在找到输入与输出之间的非线性关系，如 $y = f(x)$。自动编码器是一种无监督神经网络的形式，试图找到空间特征之间的关系，使得 $h = f(x)$，这有助于我们学习输入空间之间的关系，并且可以用于数据压缩、降维和特征学习。

一个自动编码器由一个编码器和一个解码器组成。编码器有助于将输入 x 编码为潜在表示 y，而解码器将 y 转换回 x。编码器和解码器都具有类似形式的表达式。

下面是一个单层自动编码器的表达式：

$$h = f(x) = \sigma(\boldsymbol{W}_{\mathrm{e}}^{\mathrm{T}} X + b_{\mathrm{e}})$$

$$\tilde{X} = f(h) = \sigma(\boldsymbol{W}_{\mathrm{d}}^{\mathrm{T}} h + b_{\mathrm{d}})$$

在包含的隐藏层下，编码器将输入 X 编码为 h，而解码器可以从编码器的输出 h 获得原始数据。矩阵 $\boldsymbol{W}_e$ 和 $\boldsymbol{W}_d$ 分别表示编码器层和解码器层的权重。函数 f 是激活函数。

图 4-1 展示了一个自动编码器的例子。

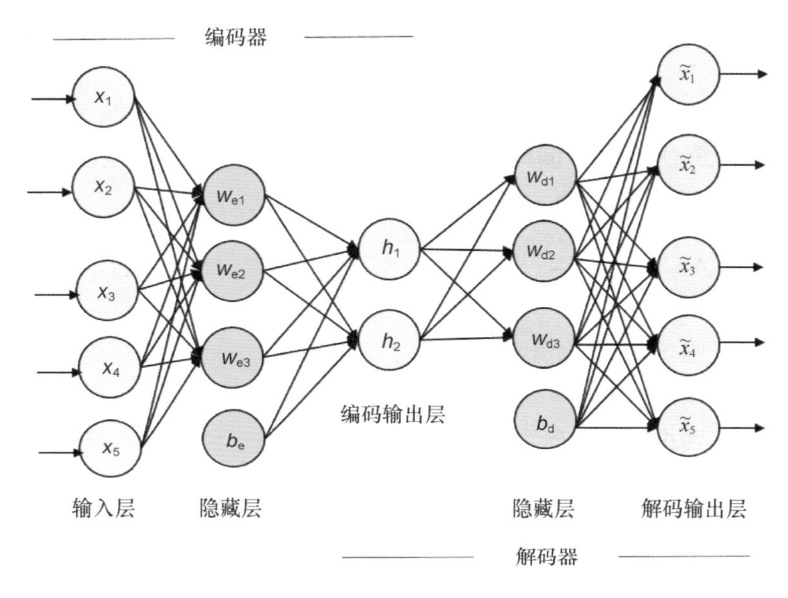

图 4-1

节点形式的约束条件允许自动编码器发现数据间有趣的结构。例如，在图 4-1 所示的编码器中，以获得编码值 h，5 个输入数据集必须通过三节点压缩。编码器的编码输出层可以具有与输入 / 输出解码输出层相同、更低或更高的维度。编码输出层拥有的节点数量比输入层少被称为欠完全表示（Under-Complete Representation），并且可以被认为是将数据转换成低维表示的数据压缩。

编码输出层比输入层多被称为过完全表示（Over-Complete Representation），作为正则化策略用于稀疏自动编码器（Sparse Autoencoder）。自动编码器的目的是发现 y，随着数据变化捕获主要因素，这与主成分分析（Principal Component Analysis，PCA）类似，因此它也可用于压缩。

4.2　构建自动编码器

因用于捕获数据表示的成本函数的差别，存在许多不同的自动编码器架构。最基本的自动编码器被称为普通自动编码器。它是一个双层神经网络，有一个在输入层和输出层节点数相同的隐藏层，目的是使成本函数最小化。对于损失函数，典型的选择是（但不限于）用于回归的均方误差（Mean Square Error，MSE）和用于分类的交叉熵。目前的方法可以很容易地扩展到多个层，也被称为多层自动编码器。

节点数在自动编码器中起着非常关键的作用。如果隐藏层中的节点数量少于输入层，则自动编码器被称为欠完全的自动编码器。隐藏层中更多的节点代表一个过完全的自动编码器或稀疏自动编码器。

稀疏自动编码器旨在在隐藏层中增加稀疏性。这种稀疏性可以通过在隐藏层中引入比输入更多数量的节点来实现，或者通过在损失函数中引入损失使隐藏层的权重趋于零。一些自动编码器通过手动清零节点的权重来获得稀疏性，这些被称为K稀疏自动编码器（K-Sparse Autoencoder）。我们将对在第1章中讨论的占用（Occupancy）数据集构建自动编码器。当前示例的隐藏层可以调整。

4.2.1　做好准备

我们使用占用数据集来构建一个自动编码器：

- 按照第1章中描述的，下载占用数据集；
- 在R和Python中安装TensorFlow。

4.2.2　怎么做

当前占用数据集如第1章中介绍的，将被用来演示使用TensorFlow以R语言构建自动编码器。

1．搭建R的TensorFlow环境。

2．通过使用setwd设置正确的工作目录，load_occupancy_data函数可用来加载数据：

```
# 加载占用数据的函数
load_occupancy_data<-function(train){
xFeatures = c("Temperature", "Humidity", "Light", "CO2",
```

```
  "HumidityRatio")
yFeatures = "Occupancy"
  if(train){
    occupancy_ds <-
as.matrix(read.csv("datatraining.txt",stringsAsFactors = T))
  } else
  {
    occupancy_ds <-
as.matrix(read.csv("datatest.txt",stringsAsFactors = T))
  }
  occupancy_ds<-apply(occupancy_ds[, c(xFeatures, yFeatures)], 2,
FUN=as.numeric)
  return(occupancy_ds)
}
```

3．使用以下脚本可将训练和测试的 Occupancy 数据集加载到 R 环境：

```
occupancy_train <-load_occupancy_data(train=T)
occupancy_test <- load_occupancy_data(train = F)
```

4.3　数据归一化

数据归一化（Data Normalization）是机器学习中的关键步骤，以使数据达到相同的数值范围。它也被称为特征缩放，并作为数据预处理来执行。

正确的归一化处理在神经网络中是非常关键的，否则它将导致隐藏层内饱和，从而导致零梯度，并且不可能学习。

4.3.1　做好准备

有多种方法来执行归一化处理。

■ 最小 - 最大标准化（Min-Max Standardization）：这种方法可保留原始分布，并将特征值在 [0, 1] 进行缩放，其中 0 作为特征的最小值、1 作为最大值。计算公式如下。

$$x' = \frac{x - \min(x)}{\max(x) - \min(x)}$$

此处，x' 是特征归一化的值。该方法容易被数据集中的异常值影响。

■ 小数定标（Decimal Scaling）：这种缩放形式用于存在不同小数范围的值。

例如，具有不同边界的两个特征可以使用如下所示的小数定标转化为相似的数字范围。

$$x' = x / 10^n$$

■ Z-score：这种转换将值缩放为一个零均值和单位方差的正态分布。计算 Z-score 的公式如下。

$$z = (x - \mu) / \sigma$$

此处，μ 是均值，σ 是特征的标准差。对于遵循高斯分布的数据集，这些分布是非常有效的。

以上所有方法都对异常值敏感。还有其他更稳健的归一化方法，你可以研究，例如中值绝对偏差（Median Absolute Deviation, MAD）、tanh 估计器（tanh-estimator）和双 Sigmoid。

下面介绍可视化数据集分布。

我们来看看占用数据的特征分布。

```
> ggpairs(occupancy_train$data[, occupancy_train$xFeatures])
```

图 4-2 显示了特征线性相关和非正态分布。使用 Shapiro-Wilk 检验，使用 R 中的 shapiro.test 函数可以进一步验证非正态性。对于占用数据，我们使用最小 - 最大标准化。

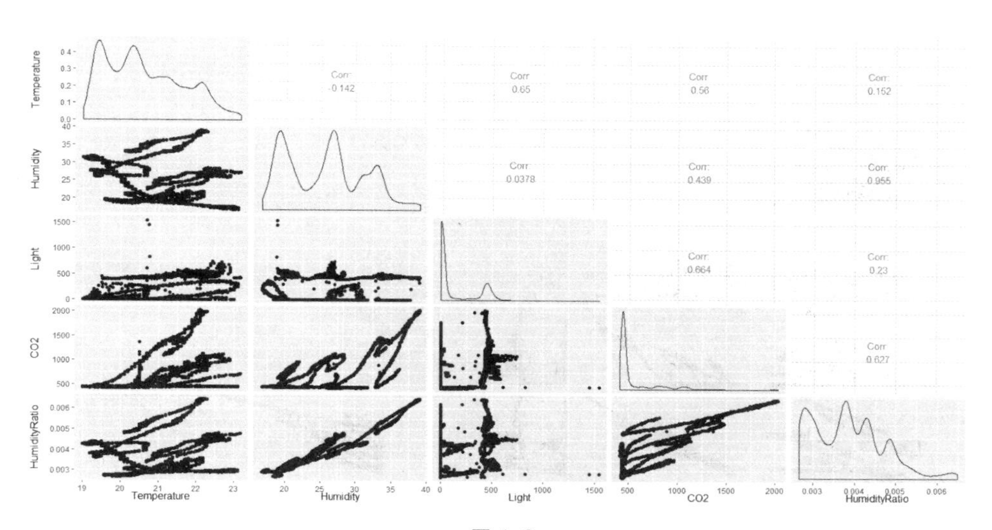

图 4-2

4.3.2　怎么做

1．执行以下操作进行数据归一化处理：

```
minmax.normalize<-function(ds, scaler=NULL){
  if(is.null(scaler)){
    for(f in ds$xFeatures){
      scaler[[f]]$minval<-min(ds$data[,f])
      scaler[[f]]$maxval<-max(ds$data[,f])
      ds$data[,f]<-(ds$data[,f]-
scaler[[f]]$minval)/(scaler[[f]]$maxval-scaler[[f]]$minval)
    }
    ds$scaler<-scaler
  } else
  {
    for(f in ds$xFeatures){
      ds$data[,f]<-(ds$data[,f]-
scaler[[f]]$minval)/(scaler[[f]]$maxval-scaler[[f]]$minval)
    }
  }
  return(ds)
}
```

2．minmax.normalize 函数使用最小 - 最大标准化归一化数据。当变量 scaler 为 NULL 时，使用提供的数据集执行归一化，或者使用 scaler 值进行归一化。归一化数据的绘图如图 4-3 所示。

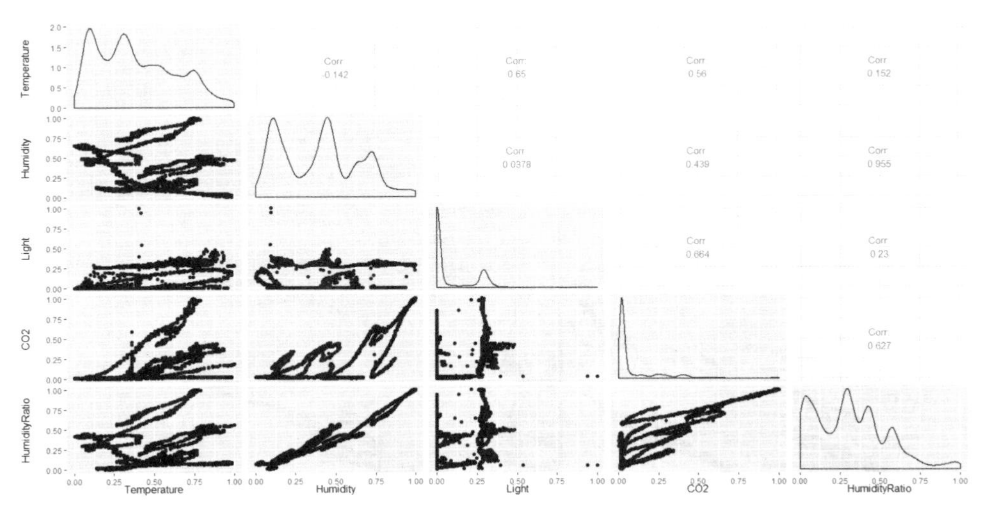

图 4-3

图 4-3 显示了最小 - 最大归一化，使值处于边界 [0, 1] 内，并且没有改变特征值之间的分布和相关性。

构建自动编码器模型

下一步是构建自动编码器模型。我们使用 TensorFlow 构建一个普通自动编码器。

1．重新设置图（graph）并开启交互会话（InteractiveSession）：

```
# 重新设置图并创建交互会话
tf$reset_default_graph()
sess<-tf$InteractiveSession()
```

2．定义输入参数，其中 nRow 和 n_irput 分别是样本的数量和特征的数量。

```
# 网络参数
n_hidden_1 = 5 # 第一层的数字特征
n_input = length(xFeatures) # 输入特征数量
nRow<-nrow(occupancy_train)
```

当 n_hidden_1 很小时，自动编码器正在压缩数据，被称为欠完全的自动编码器；当 n_hidden_1 很大时，自动编码器是稀疏的，被称为过完全自动编码器。

3．定义图形输入参数，包括编码器和解码器的输入张量和层定义：

```
# 定义输入特征
x <- tf$constant(unlist(occupancy_train[, xFeatures]),
shape=c(nRow, n_input), dtype=np$float32)

# 为编码器和解码器定义隐藏层和偏差层
hiddenLayerEncoder<-tf$Variable(tf$random_normal(shape(n_input,
n_hidden_1)), dtype=np$float32)
biasEncoder <- tf$Variable(tf$zeros(shape(n_hidden_1)),
dtype=np$float32)
hiddenLayerDecoder<-tf$Variable(tf$random_normal(shape(n_hidden_1,
n_input)))
biasDecoder <- tf$Variable(tf$zeros(shape(n_input)))
```

前面的脚本设计了一个单层编码器和解码器。

4．定义一个函数评估响应：

```
auto_encoder<-function(x, hiddenLayerEncoder, biasEncoder){
  x_transform <- tf$nn$sigmoid(tf$add(tf$matmul(x,
hiddenLayerEncoder), biasEncoder))
  x_transform
}
```

auto_encoder 函数获取节点偏差权重并计算输出。编码器和解码器可以通过传入各自的权重使用相同的函数。

5．通过传入使用符号的 TensorFlow 变量来创建编码器和解码器对象：

```
encoder_obj = auto_encoder(x,hiddenLayerEncoder, biasEncoder)
y_pred = auto_encoder(encoder_obj, hiddenLayerDecoder, biasDecoder)
```

6．y_pred 是解码器的结果，以编码器对象、节点和偏差权重一起作为输入：

```
# 定义损失函数和优化器模型
learning_rate = 0.01
cost = tf$reduce_mean(tf$pow(x - y_pred, 2))
optimizer = tf$train$RMSPropOptimizer(learning_rate)$minimize(cost)
```

前面的脚本将均方误差定义为成本函数，并使用 TensorFlow 中学习率为 0.1 的 RMSPropOptimizer 来优化权重。上面模型的 TensorFlow 图如图 4-4 所示。

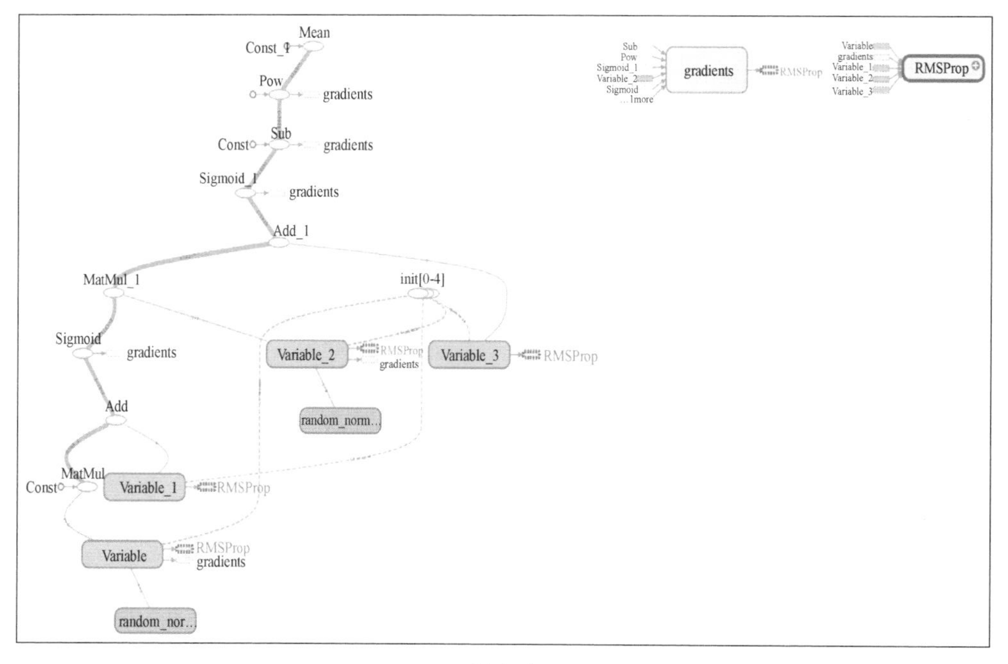

图 4-4

运行优化

下一步是运行优化器优化。在 TensorFlow 中执行此过程包含两个步骤。

1．对 TensorFlow 图中定义的变量的参数进行初始化。通过调用 TensorFlow

中 global_variables_initializer 函数来执行初始化：

```
# 初始化变量
init = tf$global_variables_initializer()
sess$run(init)
```

基于监测和优化训练性能和测试性能来执行优化：

```
costconvergence<-NULL
for (step in 1:1000) {
  sess$run(optimizer)
  if (step %% 20==0){
    costconvergence<-rbind(costconvergence, c(step, sess$run(cost),
sess$run(costt)))
    cat(step, "-", "Traing Cost ==>", sess$run(cost), "\n")
  }
}
```

2．观察来自训练和测试的成本函数来了解模型的收敛性，如图 4-5 所示。

```
costconvergence<-data.frame(costconvergence)
colnames(costconvergence)<-c("iter", "train", "test")
plot(costconvergence[, "iter"], costconvergence[, "train"], type =
"l", col="blue", xlab = "Iteration", ylab = "MSE")
lines(costconvergence[, "iter"], costconvergence[, "test"],
col="red")
legend(500,0.25, c("Train","Test"), lty=c(1,1),
lwd=c(2.5,2.5),col=c("blue","red"))
```

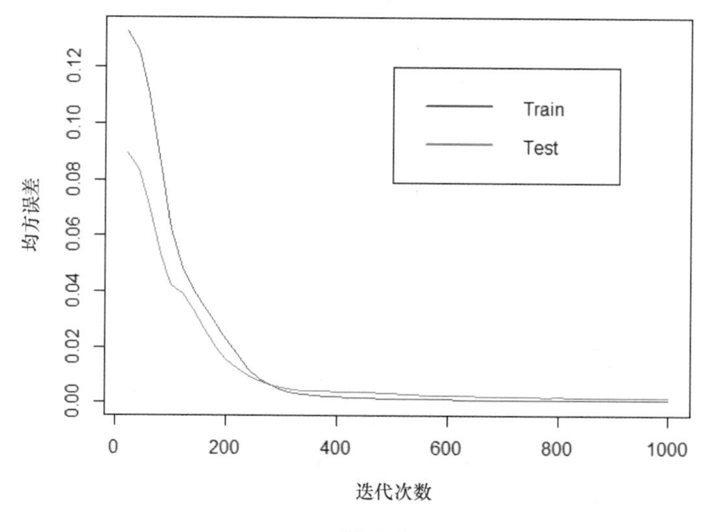

图 4-5

图 4-5 展示了模型主要的收敛在 400 次迭代左右。但是，即使经过了 1,000 次迭代，它仍然以很慢的速度收敛。该模型在训练和留出的测试数据集中都是稳定的。

4.4　构建正则自动编码器

正则化的自动编码器通过向成本函数添加正则化参数来扩展标准自动编码器。

4.4.1　做好准备

正则化的自动编码器是标准自动编码器的扩展。构建正则化的自动编码器需要：

1. 在 R 和 Python 中安装 TensorFlow。
2. 一个标准的自动编码器的实现。

4.4.2　怎么做

通过以下几行代替成本的定义，可以直接将构建自动编码器的代码转换为构建正则化自动编码器。

```
Lambda=0.01
cost = tf$reduce_mean(tf$pow(x - y_pred, 2))
Regularize_weights = tf$nn$l2_loss(weights)
cost = tf$reduce_mean(cost + lambda * Regularize_weights)
```

4.4.3　工作原理

如上所述，正则化自动编码器通过向成本函数添加正则化参数来扩展标准自动编码器，如下所示：

$$\sum L(x, \tilde{x}) + \lambda \left\| W_{ij}^2 \right\|$$

此处，λ 是正则化参数，而 i 和 j 是节点索引，其中 W 表示自动编码器的隐藏层权重。正则化自动编码器旨在确保更强大的编码，并偏好低权重的 h 函数。这个概念进一步被用来开发一个收缩自动编码器，它利用输入上 Jacobian 矩阵的 Frobenius 范数，表示如下：

$$L(X, \tilde{X}) + \lambda \|\boldsymbol{J}(x)\|^2$$

其中，$\boldsymbol{J}(x)$ 是 Jacobian 矩阵，其计算公式如下：

$$\|\boldsymbol{J}(x)\|_F^2 = \sum_{ij} \frac{\partial h_j(x)}{\partial x_j}$$

对于线性编码器，收缩编码器和正则化编码器收敛到 L2 权重衰减。正则化有助于使自动编码器对输入不那么敏感。然而，成本函数的最小化有助于模型捕捉变化，并对高密度流形保持敏感。这些自动编码器也被称为收缩自动编码器（Contractive Autoencoder）。

4.5 微调自动编码器的参数

根据我们正在使用的自动编码的类型，自动编码器包含一些可调整的参数。在自动编码器中，主要参数包括：

- 任意隐藏层中的节点数量；
- 对于深度自动编码器可应用的隐藏层数；
- 激活单元，如 Sigmoid、tanh、Softmax 和 ReLU 等激活函数；
- 隐藏的单位权重上的正则化参数或权重衰减项；
- 在降噪自动编码器中信号破损的比例；
- 稀疏自动编码器中，用于控制隐藏层中神经元的预期激活的稀疏参数；
- 批量大小（如果使用批量梯度下降学习算法），随机梯度下降的学习率和动量（Momentum）参数；
- 用于训练的最大迭代次数；
- 权重初始化；
- dropout 正则化，如果使用了 dropout。

可以通过将问题设置为网格搜索问题来训练这些超参数。然而，对于隐藏层，每个超参数组合需要训练神经元权重，这导致随着层数和每层内节点数量的增加计算复杂性增加。为了处理这些关键参数和训练问题，已经提出了栈式自动编码器概念，即分别训练每个层以获得预训练权重，然后使用所获得的权重对模型进行微调。这种方法极大地提高了传统训练模式的训练性能。

4.6 构建栈式自动编码器

栈式自动编码器是一种使用贪婪方法训练多层组成的深层网络的方法。图 4-6 显示了一个栈式自动编码器的示例。

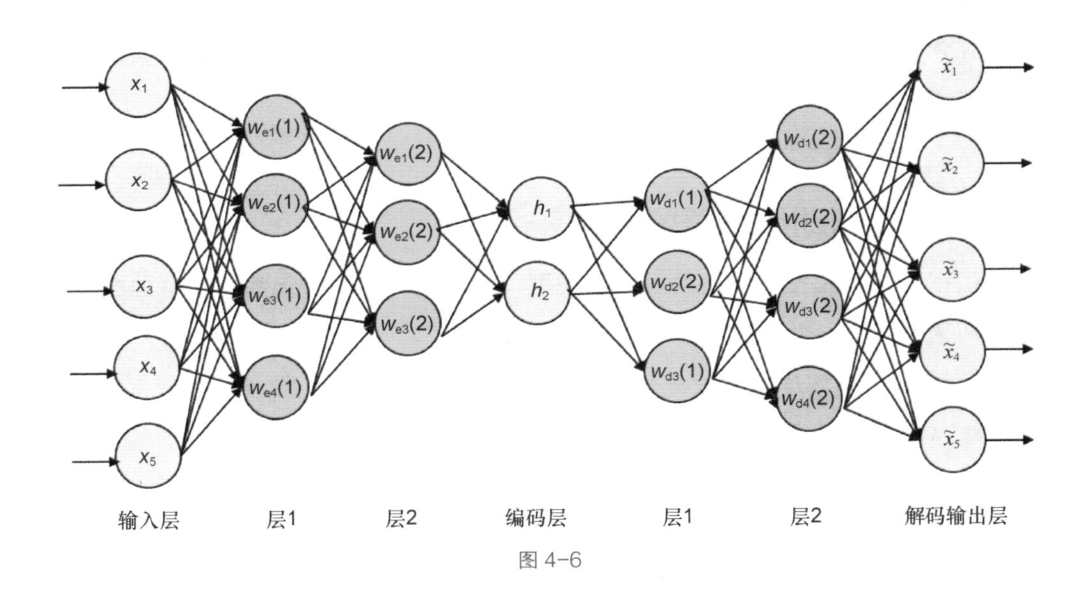

图 4-6

4.6.1 做好准备

图 4-6 演示了具有两层的栈式自动编码器。一个栈式自动编码器可以有 n 层，其中每层都是一次使用一层来训练。栈式自动编码器的训练过程如图 4-7 所示。

通过在实际输入 x_i 上训练层 1 来获得其初始预训练。第一步是对输出 x 优化编码器的 $W_e(1)$ 层。例子中的第二步是用 $W_e(1)$ 作为输入和输出，优化第二层的

权重 $W_e(2)$。一旦 $W_e(i)$ 的所有层（其中 $i = 1,2,...,n,i$ 为层数）被预训练，则通过将所有层连接在一起来执行模型微调，如图 4-7 的步骤 3 所示。这个概念也可以应用于降噪，以训练多层网络，被称为栈式降噪自动编码器（Stacked Denoising Autoencoder）。可以很容易地调整在降噪自动编码器中开发的代码来开发栈式降噪自动编码器，它是栈式自动编码器的扩展。

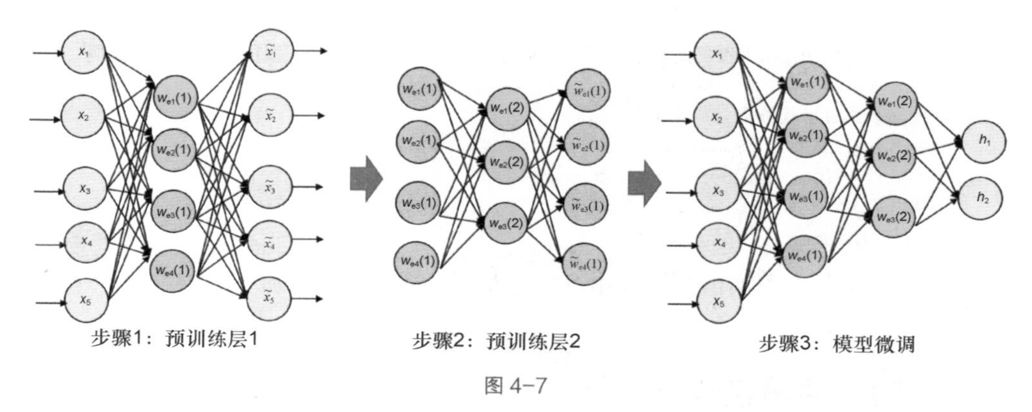

图 4-7

本节的要求如下。

1．应该安装了 R。

2．安装了 SAENET 包。此包可以使用命令从 CRAN 下载。

```
install.packages("SAENET")
```

4.6.2 怎么做

R 还有其他流行的库来开发栈式自动编码器。我们利用 R 的 SAENET 包建立一个栈式自动编码器。SAENET 是一个使用前馈神经网络的栈式自动编码器实现，前馈网络使用 CRAN 中的 neuralnet 包。

1．如果尚未安装 SAENET 包，就从 CRAN 存储库中获取：

```
install.packages("SAENET")
```

2．加载所有库依赖项：

```
require(SAENET)
```

3．使用 load_occupancy_data 加载训练和测试的占用数据集：

```
occupancy_train <-load_occupancy_data(train=T)
occupancy_test <- load_occupancy_data(train = F)
```

4．使用 minmax.normalize 函数归一化数据集：

```
# 归一化数据集
occupancy_train<-minmax.normalize(occupancy_train, scaler = NULL)
occupancy_test<-minmax.normalize(occupancy_test, scaler =
occupancy_train$scaler)
```

5．栈式自动编码器模型可以使用 SAENET 包中的 SAENET.train 函数构建：

```
# 构建栈式自动编码器
SAE_obj<-SAENET.train(X.train= subset(occupancy_train$data,
select=-c(Occupancy)), n.nodes=c(4, 3, 2), unit.type ="tanh",
lambda = 1e-5, beta = 1e-5, rho = 0.01, epsilon = 0.01,
max.iterations=1000)
```

最后一个节点的输出可以使用 SAE_obj [[n]] $ X.output 命令来提取。

4.7　构建降噪自动编码器

降噪自动编码器是一种特殊的自动编码器，其重点是从输入数据集中提取稳健的特征。除了训练网络之前数据已经破损的这一主要区别之外，降噪自动编码器与之前的模型类似。可以使用不同的破损方法，如遮蔽，这会导致数据中出现随机错误。

4.7.1　做好准备

我们使用 CIFAR-10 图像数据构建降噪数据集：

- 使用 download_cifar_data 函数下载 CIFAR-10 数据集（在第 3 章中介绍过）；
- 在 R 和 Python 中安装 TensorFlow。

4.7.2　怎么做

首先，我们需要读取数据集。

读取数据集

1．使用第 3 章“卷积神经网络”中介绍的步骤加载 CIFAR 数据集。将数据文件 data_batch_1 和 data_batch_2 用于训练。data_batch_5 和 test_batch 文件分别用于验证和测试。数据可以使用 flat_data 函数扁平化：

```
train_data <- flat_data(x_listdata = images.rgb.train)
test_data <- flat_data(x_listdata = images.rgb.test)
valid_data <- flat_data(x_listdata = images.rgb.valid)
```

2．flat_data 函数将 NCOL =（高度 × 宽度 × 通道数）的数据集扁平化，因此数据集的维数为图片数量 ×NCOL。CIFAR 中的图像是 32×32 的 3 个 RGB 通道，因此，在数据扁平化之后我们得到 3,072 列。

```
> dim(train_data$images)
[1] 40000 3072
```

用破损数据来训练

1．构建降噪自动编码器所需的下一个关键功能是数据破损：

```
# 使用遮蔽或椒盐噪声法添加噪声
add_noise<-function(data, frac=0.10, corr_type=c("masking",
"saltPepper", "none")){
  if(length(corr_type)>1) corr_type<-corr_type[1]
  # 赋予一份数据副本
  data_noise = data
  # 评估自动编码器的链接参数
  nROW<-nrow(data)
  nCOL<-ncol(data)
  nMask<-floor(frac*nCOL)
  if(corr_type=="masking"){
    for( i in 1:nROW){
      maskCol<-sample(nCOL, nMask)
      data_noise[i,maskCol,,]<-0
    }
  } else if(corr_type=="saltPepper"){
    minval<-min(data[,,1,])
    maxval<-max(data[,,1,])
    for( i in 1:nROW){
      maskCol<-sample(nCOL, nMask)
      randval<-runif(length(maskCol))
      ixmin<-randval<0.5
      ixmax<-randval>=0.5
      if(sum(ixmin)>0) data_noise[i,maskCol[ixmin],,]<-minval
      if(sum(ixmax)>0) data_noise[i,maskCol[ixmax],,]<-maxval
    }
```

```
  } else
  {
    data_noise<-data
  }
  return(data_noise)
}
```

2．使用以下脚本可以破损 CIFAR-10 数据：

```
# 破损输入信号
xcorr<-add_noise(train_data$images, frac=0.10, corr_type="masking")
```

3．破损后的示例图像如图 4-8 所示。

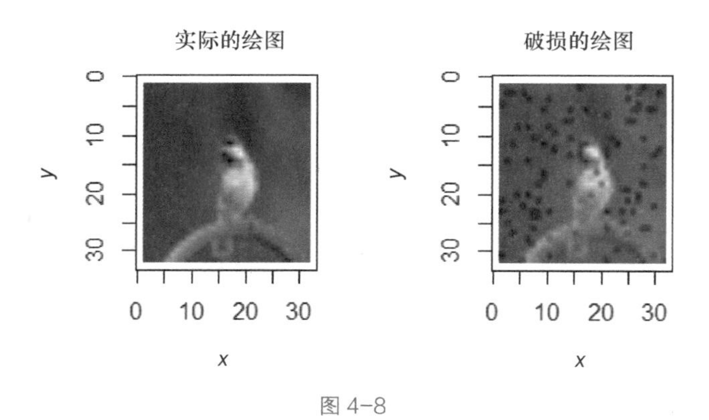

图 4-8

4．图 4-8 使用遮蔽方法添加噪声。这种方法以某一特定部分在图像的随机位置添加零值。另一种方法是通过使用椒盐噪声添加噪声。这种方法在图像中随机选择位置并替换它们，使用掷硬币原理在图像中添加最小值或最大值。图 4-9 展示了一个使用椒盐法破损数据的示例。

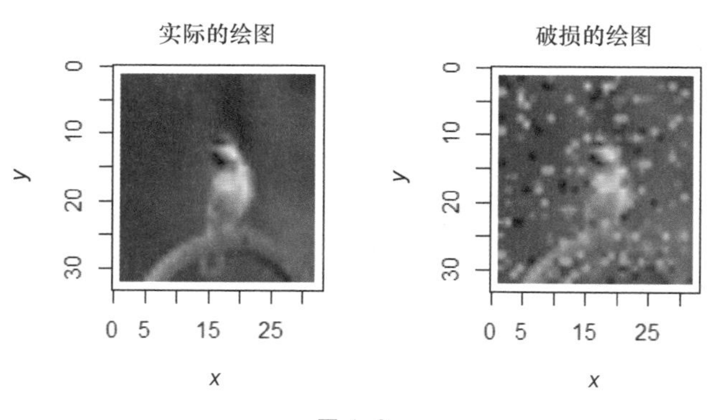

图 4-9

数据破损有助于自动编码器学习更稳健的表达方式。

构建降噪的自动编码器

下一步是构建自动编码器模型。

1. 首先，重新设置图并开启交互会话。

```
# 重置图并建立交互式会话
tf$reset_default_graph()
sess<-tf$InteractiveSession()
```

2. 下一步是为输入信号和破损信号定义两个占位符。

```
# 将输入定义为占位符变量
x = tf$placeholder(tf$float32, shape=shape(NULL, img_size_flat),
name='x')
x_corrput<-tf$placeholder(tf$float32, shape=shape(NULL,
img_size_flat), name='x_corrput')
```

在自动编码器中 x_corrupt 将用作输入，实际图像 x 将用作输出。

3. 构建一个降噪自动编码器函数，如下面的代码所示。

```
# 构建降噪自动编码器
denoisingAutoencoder<-function(x, x_corrput, img_size_flat=3072,
hidden_layer=c(1024, 512), out_img_size=256){

  # 构建编码器
  encoder = NULL
  n_input<-img_size_flat
  curentInput<-x_corrput
  layer<-c(hidden_layer, out_img_size)
  for(i in 1:length(layer)){
    n_output<-layer[i]
    W = tf$Variable(tf$random_uniform(shape(n_input, n_output),
-1.0 / tf$sqrt(n_input), 1.0 / tf$sqrt(n_input)))
    b = tf$Variable(tf$zeros(shape(n_output)))
    encoder<-c(encoder, W)
    output = tf$nn$tanh(tf$matmul(curentInput, W) + b)
    curentInput = output
    n_input<-n_output
  }
  # 潜在表达方式
  z = curentInput
  encoder<-rev(encoder)
```

```
  layer_rev<-c(rev(hidden_layer), img_size_flat)
  # 使用相同的权重构建解码器
  decoder<-NULL
  for(i in 1:length(layer_rev)){
    n_output<-layer_rev[i]
    W = tf$transpose(encoder[[i]])
    b = tf$Variable(tf$zeros(shape(n_output)))
    output = tf$nn$tanh(tf$matmul(curentInput, W) + b)
    curentInput = output
  }
  # 现在通过网络进行重构
  y = curentInput
  # 成本函数测量像素方面的差异
  cost = tf$sqrt(tf$reduce_mean(tf$square(y - x)))
  return(list("x"=x, "z"=z, "y"=y, "x_corrput"=x_corrput,
"cost"=cost))
}
```

4. 创建降噪对象。

```
# 创建降噪 AE 对象
dae_obj<-denoisingAutoencoder(x, x_corrput, img_size_flat=3072,
hidden_layer=c(1024, 512), out_img_size=256)
```

5. 设置成本函数。

```
# 学习的配置
learning_rate = 0.001
optimizer =
tf$train$AdamOptimizer(learning_rate)$minimize(dae_obj$cost)
```

6. 执行优化。

```
# 我们创建会话以使用图
sess$run(tf$global_variables_initializer())
for(i in 1:500){
  spls <- sample(1:dim(xcorr)[1],1000L)
  if (i %% 1 == 0) {
    x_corrput_ds<-add_noise(train_data$images[spls, ], frac = 0.3,
corr_type = "masking")
    optimizer$run(feed_dict = dict(x=train_data$images[spls, ],
x_corrput=x_corrput_ds))
    trainingCost<-dae_obj$cost$eval((feed_dict =
dict(x=train_data$images[spls, ], x_corrput=x_corrput_ds)))
    cat("Training Cost - ", trainingCost, "\n")
  }
}
```

4.7.3 工作原理

自动编码器不断学习特征的函数形式，以捕捉输入和输出之间的关系。图 4-10 展示了计算机如何在 1,000 次迭代后显示图像的示例。

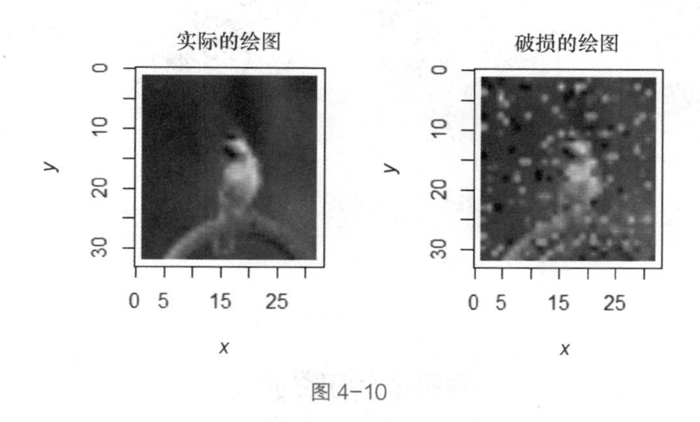

图 4-10

经过 1,000 次迭代后，计算机可以区分物体的主要部分和环境。当我们进一步运行算法来微调权重时，计算机不断学习关于对象本身的更多特征，如图 4-11 所示。

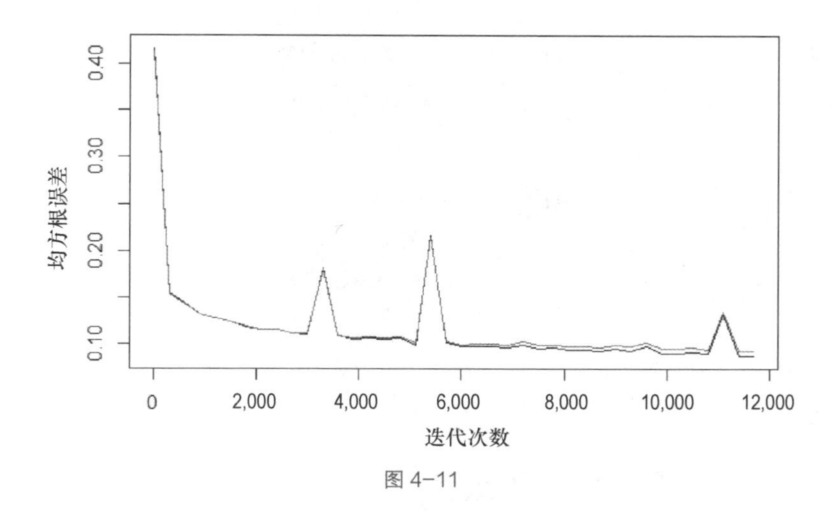

图 4-11

图 4-11 显示模型仍然在学习，但是在迭代中，随着它开始学习有关对象的精细特征，学习速率变得更小了，如图 4-12 所示。有些情况下，因为批次梯度

下降，模型（学习速率）开始上升，而不是下降。

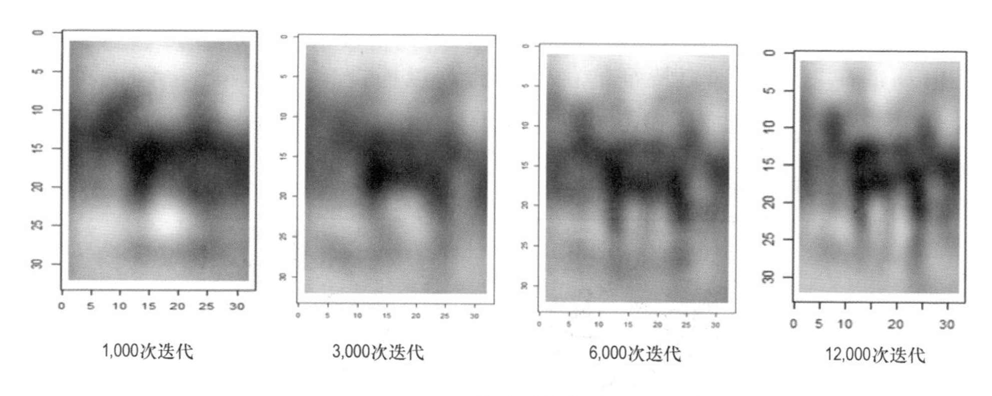

图 4-12

4.8　构建并比较随机编码器和解码器

随机编码器属于生成模型领域，其目标是学习将给定数据 X 转换为另一个高维空间的联合概率 $P(X)$。例如，我们想通过学习像素依赖性和分布来了解图像，并生成类似但不完全相同的图像。生成模型中常用的方法之一是变分自动编码器（Variational Autoencoder，VAE），它通过在 $h \sim P(h)$ 上进行强分布假设（如高斯或伯努利），将深度学习与统计推断相结合。对于给定的权重 W，X 可以从分布中采样为 $P_w(X \mid h)$。图 4-13 展示了一个 VAE 架构的示例。

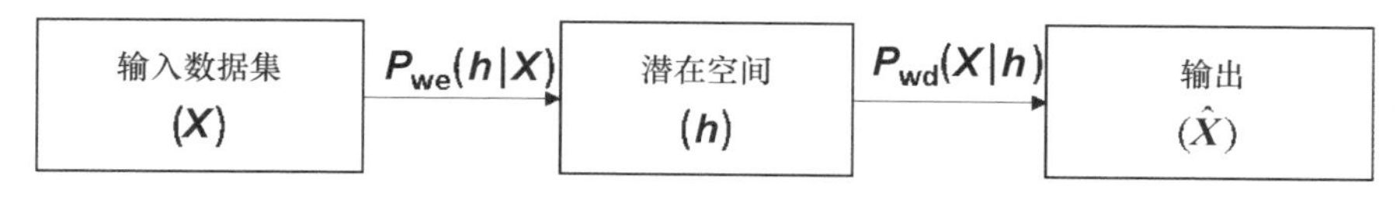

图 4-13

VAE 的成本函数基于对数似然最大化。成本函数由重构误差项和正则化误差项组成：

成本（Cost）= 重构误差（Reconstruction Error）+ 正则化误差（Regularization Error）

重构误差是我们能够将结果与训练数据进行映射的程度，正则化误差对编码器和解码器处形成的分布造成了损失。

4.8.1 做好准备

需要在环境中安装并加载 TensorFlow：

```
require(tensorflow)
```

需要加载依赖项：

```
require(imager)
require(caret)
```

需要加载 MNIST 数据集。使用以下脚本进行数据集的归一化：

```
# 数据集归一化
normalizeObj<-preProcess(trainData, method="range")
trainData<-predict(normalizeObj, trainData)
validData<-predict(normalizeObj, validData)
```

4.8.2 怎么做

1．使用 MNIST 数据集来演示稀疏分解的概念。MNIST 数据集使用手写数字。它是从 TensorFlow 数据库下载来的。数据集由 28×28 像素的手写图像组成。它包含 55,000 个训练实例、10,000 个测试实例和 5,000 个测试实例。可以使用以下脚本从 TensorFlow 库下载数据集：

```
library(tensorflow)
datasets <- tf$contrib$learn$datasets
mnist <- datasets$mnist$read_data_sets("MNIST-data", one_hot =
TRUE)
```

2．为了简化计算，使用以下函数将 MNIST 图像大小从 28×28 像素减小到 16×16 像素：

```
# 减小图像大小的函数
reduceImage<-function(actds, n.pixel.x=16, n.pixel.y=16){
  actImage<-matrix(actds, ncol=28, byrow=FALSE)
  img.col.mat <- imappend(list(as.cimg(actImage)),"c")
  thmb <- resize(img.col.mat, n.pixel.x, n.pixel.y)
  outputImage<-matrix(thmb[,,1,1], nrow = 1, byrow = F)
  return(outputImage)
}
```

3．以下脚本可用于准备 16×16 像素图像的 MNIST 训练数据：

```
# 将训练数据转换为 16×16 的图像
trainData<-t(apply(mnist$train$images, 1, FUN=reduceImage))
validData<-t(apply(mnist$test$images, 1, FUN=reduceImage))
```

4. plot_mnist 函数可用于可视化所选 MNIST 图像，如图 4-14 所示。

```
# 绘制 MNIST 数据集的函数
plot_mnist<-function(imageD, pixel.y=16){
actImage<-matrix(imageD, ncol=pixel.y, byrow=FALSE)
img.col.mat <- imappend(list(as.cimg(actImage)), "c")
plot(img.col.mat)
}
```

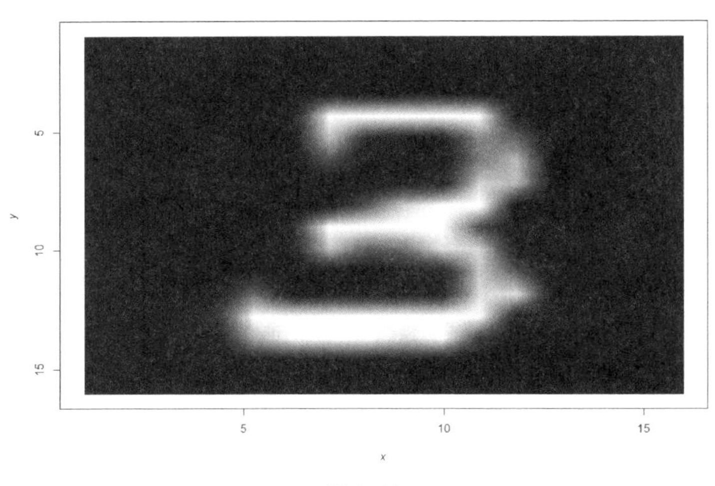

图 4-14

构建VAE模型

1. 启动一个新的 TensorFlow 环境。

```
tf$reset_default_graph()
sess<-tf$InteractiveSession()
```

2. 定义网络参数。

```
n_input=256
n.hidden.enc.1<-64
```

3. 启动一个新的 TensorFlow 环境。

```
tf$reset_default_graph()
sess<-tf$InteractiveSession()
```

4. 定义网络参数。

```
n_input=256
n.hidden.enc.1<-64
```

上述参数将形成如图 4-15 所示的 VAE 网络。

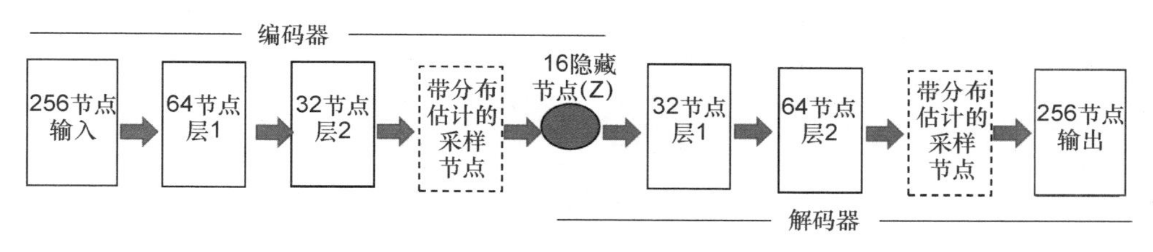

图 4-15

5. 定义模型初始化函数，在编码器和解码器每层定义权重和偏差。

```
model_init<-function(n.hidden.enc.1, n.hidden.enc.2,
                               n.hidden.dec.1, n.hidden.dec.2,
                               n_input, n_h)
{ weights<-NULL
 ############################
 # 配置编码器
 ############################
 # 初始化编码器的第一层
 weights[["encoder_w"]][["h1"]]=tf$Variable(xavier_init(n_input,
 n.hidden.enc.1))
 weights[["encoder_w"]]
[["h2"]]=tf$Variable(xavier_init(n.hidden.enc.1, n.hidden.enc.2))
weights[["encoder_w"]][["out_mean"]]=tf$Variable(xavier_init(n.hidd
en.enc.2, n_h))
weights[["encoder_w"]][["out_log_sigma"]]=tf$Variable(xavier_init(n
.hidden.enc.2, n_h))
weights[["encoder_b"]][["b1"]]=tf$Variable(tf$zeros(shape(n.hidden.
enc.1), dtype=tf$float32))
weights[["encoder_b"]][["b2"]]=tf$Variable(tf$zeros(shape(n.hidden.
enc.2), dtype=tf$float32))
weights[["encoder_b"]][["out_mean"]]=tf$Variable(tf$zeros(shape(n_h
), dtype=tf$float32))
weights[["encoder_b"]][["out_log_sigma"]]=tf$Variable(tf$zeros(shap
e(n_h), dtype=tf$float32))
 ############################
 # 构建解码器
```

```
 ##############################
  weights[['decoder_w']][["h1"]]=tf$Variable(xavier_init(n_h,
n.hidden.dec.1))
weights[['decoder_w']][["h2"]]=tf$Variable(xavier_init(n.hidden.dec
.1, n.hidden.dec.2))
weights[['decoder_w']][["out_mean"]]=tf$Variable(xavier_init(n.hidd
en.dec.2, n_input))
weights[['decoder_w']][["out_log_sigma"]]=tf$Variable(xavier_init(n
.hidden.dec.2, n_input))
weights[['decoder_b']][["b1"]]=tf$Variable(tf$zeros(shape(n.hidden.
dec.1), dtype=tf$float32))
weights[['decoder_b']][["b2"]]=tf$Variable(tf$zeros(shape(n.hidden.
dec.2), dtype=tf$float32))
weights[['decoder_b']][["out_mean"]]=tf$Variable(tf$zeros(shape(n_i
nput), dtype=tf$float32))
weights[['decoder_b']][["out_log_sigma"]]=tf$Variable(tf$zeros(shap
e(n_input), dtype=tf$float32))
  return(weights)
}
```

model_init 函数返回权重，这是一个二维列表。第一维捕获权重的关联规则和类型。例如，它描述了权重变量是否分配给编码器或解码器，以及是否存储节点的权重或偏差。model_init 中的 xavier_init 函数用于为模型训练分配初始权重。

```
# 使用均匀分布初始化 xavier
xavier_init<-function(n_inputs, n_outputs, constant=1){
  low = -constant*sqrt(6.0/(n_inputs + n_outputs))
  high = constant*sqrt(6.0/(n_inputs + n_outputs))
  return(tf$random_uniform(shape(n_inputs, n_outputs), minval=low,
maxval=high, dtype=tf$float32))
}
```

6. 设置编码器评估函数。

```
# 编码器更新函数
vae_encoder<-function(x, weights, biases){
  layer_1 = tf$nn$softplus(tf$add(tf$matmul(x, weights[['h1']]),
biases[['b1']]))
  layer_2 = tf$nn$softplus(tf$add(tf$matmul(layer_1,
weights[['h2']]), biases[['b2']]))
  z_mean = tf$add(tf$matmul(layer_2, weights[['out_mean']]),
biases[['out_mean']])
```

```
  z_log_sigma_sq = tf$add(tf$matmul(layer_2,
weights[['out_log_sigma']]), biases[['out_log_sigma']])
  return (list("z_mean"=z_mean, "z_log_sigma_sq"=z_log_sigma_sq))
}
```

vae_encoder 使用来自隐藏层的权重和偏差来计算平均值和方差以对层进行采样。

7. 设置解码器评估函数。

```
# 解码器更新函数
vae_decoder<-function(z, weights, biases){
  layer1<-tf$nn$softplus(tf$add(tf$matmul(z, weights[["h1"]]),
biases[["b1"]]))
  layer2<-tf$nn$softplus(tf$add(tf$matmul(layer1, weights[["h2"]]),
biases[["b2"]]))
  x_reconstr_mean<-tf$nn$sigmoid(tf$add(tf$matmul(layer2,
weights[['out_mean']]), biases[['out_mean']]))
  return(x_reconstr_mean)
}
```

在输出和平均输出处，vae_decoder 函数计算与采样层相关的平均值和标准偏差。

8. 建立重构估计函数。

```
# 参数评估
network_ParEval<-function(x, network_weights, n_h){

  distParameter<-vae_encoder(x, network_weights[["encoder_w"]],
network_weights[["encoder_b"]])
  z_mean<-distParameter$z_mean
  z_log_sigma_sq <-distParameter$z_log_sigma_sq
  # 从高斯分布中抽取一个样本 z
  eps = tf$random_normal(shape(BATCH, n_h), 0, 1, dtype=tf$float32)
  # z = mu + sigma*epsilon
  z = tf$add(z_mean, tf$multiply(tf$sqrt(tf$exp(z_log_sigma_sq)),
eps))
  # 使用生成器决定重构输入的伯努利分布的均值
  x_reconstr_mean <- vae_decoder(z, network_weights[["decoder_w"]],
network_weights[["decoder_b"]])
  return(list("x_reconstr_mean"=x_reconstr_mean,
"z_log_sigma_sq"=z_log_sigma_sq, "z_mean"=z_mean))
}
```

9．为优化定义成本函数。

```
# VAE 成本函数
vae_optimizer<-function(x, networkOutput){
  x_reconstr_mean<-networkOutput$x_reconstr_mean
  z_log_sigma_sq<-networkOutput$z_log_sigma_sq
  z_mean<-networkOutput$z_mean
  loss_reconstruction<--1*tf$reduce_sum(x*tf$log(1e-10 +
x_reconstr_mean)+
                                         (1-x)*tf$log(1e-10 + 1 -
x_reconstr_mean), reduction_indices=shape(1))
  loss_latent<--0.5*tf$reduce_sum(1+z_log_sigma_sqtf$
square(z_mean)-
                                    tf$exp(z_log_sigma_sq),
reduction_indices=shape(1))
  cost = tf$reduce_mean(loss_reconstruction + loss_latent)
  return(cost)
}
```

10．构建模型进行训练。

```
# VAE 初始化
x = tf$placeholder(tf$float32, shape=shape(NULL, img_size_flat),
name='x')
network_weights<-model_init(n.hidden.enc.1, n.hidden.enc.2,
                            n.hidden.dec.1, n.hidden.dec.2,
                            n_input, n_h)
networkOutput<-network_ParEval(x, network_weights, n_h)
cost=vae_optimizer(x, networkOutput)
optimizer = tf$train$AdamOptimizer(lr)$minimize(cost)
```

11．执行优化。

```
sess$run(tf$global_variables_initializer())
for(i in 1:ITERATION){
  spls <- sample(1:dim(trainData)[1],BATCH)
  out<-optimizer$run(feed_dict = dict(x=trainData[spls,]))
  if (i %% 100 == 0){
  cat("Iteration - ", i, "Training Loss - ", cost$eval(feed_dict =
dict(x=trainData[spls,])), "\n")
  }
}
```

VAE自动编码器的输出

结果可以使用以下脚本生成：

```
spls <- sample(1:dim(trainData)[1],BATCH)
networkOutput_run<-sess$run(networkOutput, feed_dict =
dict(x=trainData[spls,]))

# Plot reconstructured Image
x_sample<-trainData[spls,]
NROW<-nrow(networkOutput_run$x_reconstr_mean)
n.plot<-5
par(mfrow = c(n.plot, 2), mar = c(0.2, 0.2, 0.2, 0.2), oma = c(3,
3, 3, 3))
pltImages<-sample(1:NROW,n.plot)
for(i in pltImages){
  plot_mnist(x_sample[i,])
  plot_mnist(networkOutput_run$x_reconstr_mean[i,])
}
```

进行 20,000 次迭代后，从前面的 VAE 自动编码器获得的结果如图 4-16 所示。

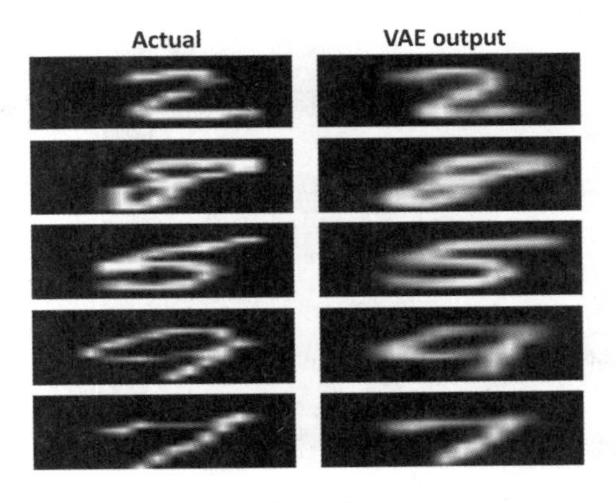

图 4-16

此外，由于 VAE 是一个生成模型，其结果不是输入的精确副本，并且会随着运行而变化，因为代表样本是从估计的分布中抽取的。

4.9 从自动编码器学习流形

流形学习（Manifold Learning）是机器学习中的一种方法，假定数据位于更低维度的流形上。这些流形可以是线性或非线性的。因此，该领域试图将数据从高维度空间投影到低维度空间。例如，主成分分析（Principle Component Analysis，PCA）是线性流形学习的一个例子，而自动编码器是非线性降维（Non-Linear Dimensionality Reduction，NDR），能够学习在低维度的非线性流形。线性和非线性流形学习的比较如图 4-17 所示。

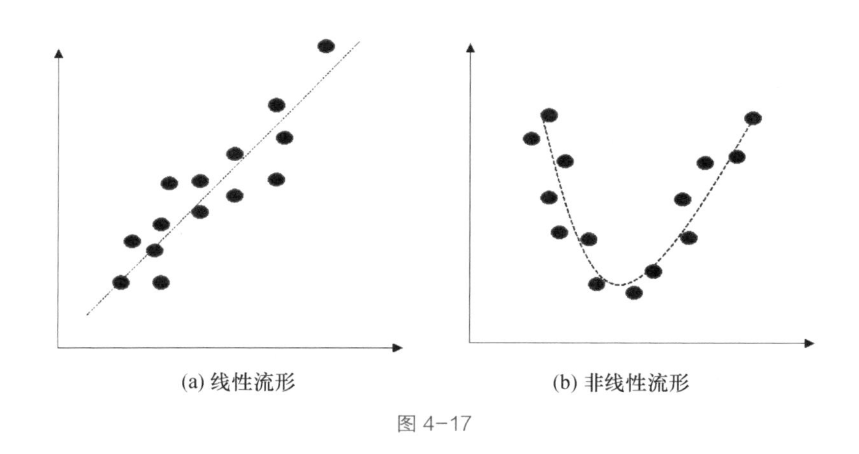

图 4-17

在图 4-17（a）中，数据位于线性流形中；而在图 4-17（b）中，数据位于二阶非线性流形上。

我们获取来自栈式自动编码器部分的输出，并分析转移到不同维度时流形的外观。

设置主成分分析介绍如下。

1．在进入非线性流形之前，我们分析占用数据的主成分分析。

```
# 构建主成分分分析
pca_obj <- prcomp(occupancy_train$data,
                  center = TRUE,
                  scale. = TRUE)
                  scale. = TRUE)
```

2．前面的函数将数据转换为 6 个正交方向，这些方向被指定为特征的线性组合。可以使用以下脚本查看每个维度说明的变化：

```
plot(pca_obj, type = "l")
```

3．上述命令将绘制主要成分间的差异，如图 4-18 所示。

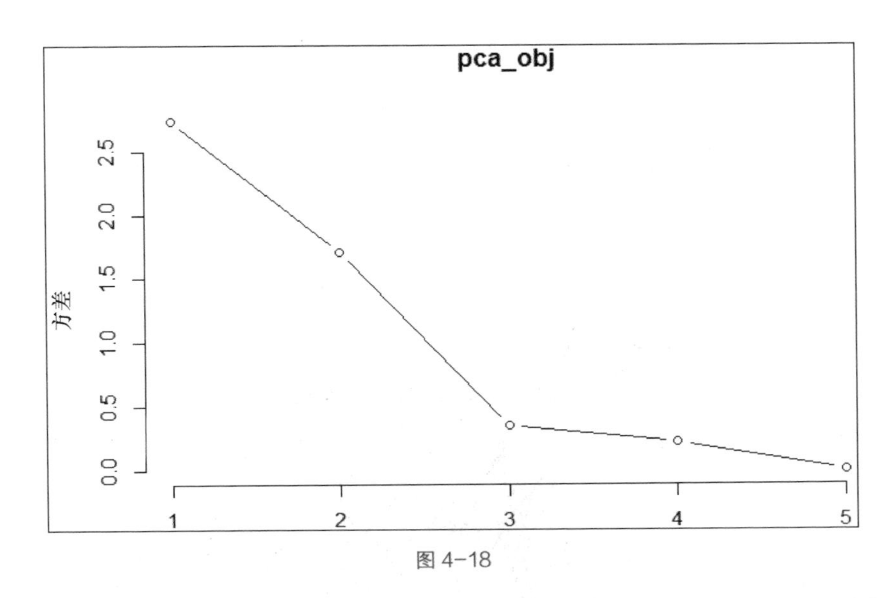

图 4-18

4．对于占用数据集，前两个主要成分捕获大部分变化，并且当绘制完主要成分时，它显示了占用的正类和负类之间的分离，如图 4-19 所示。

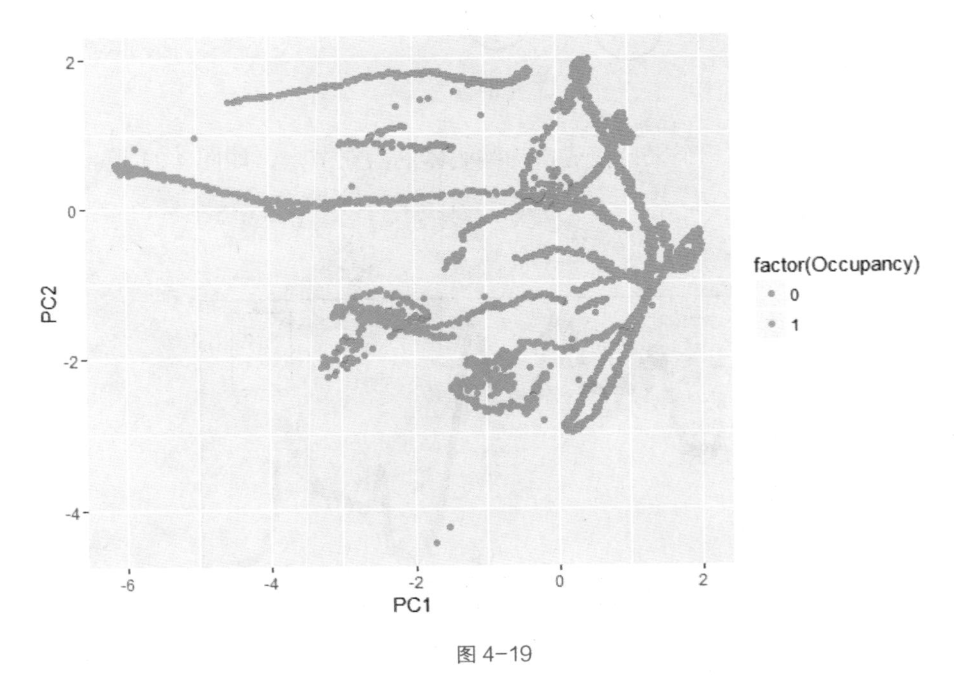

图 4-19

5．我们显示自动编码器学习在低维的流形。我们只用一个维度来显示结果，如下所示：

```
SAE_obj<-SAENET.train(X.train= subset(occupancy_train$data,
select=-c(Occupancy)), n.nodes=c(4, 3, 1), unit.type ="tanh",
lambda = 1e-5, beta = 1e-5, rho = 0.01, epsilon = 0.01,
max.iterations=1000)
```

6．前面脚本的编码器架构如图 4-20 所示。

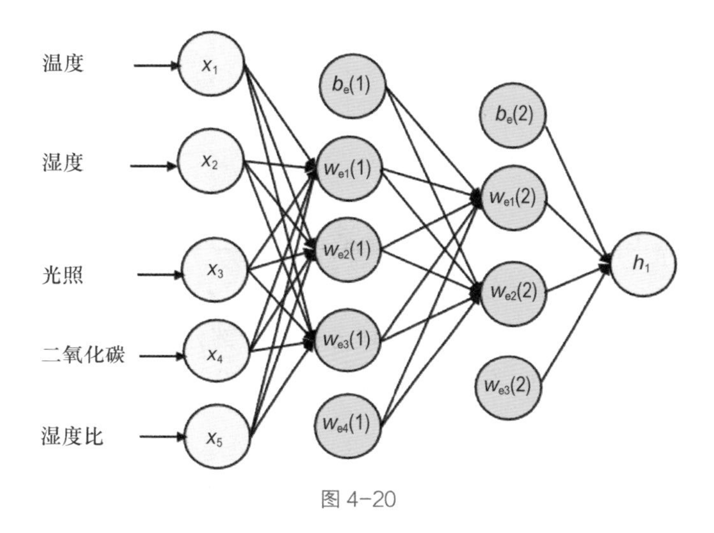

图 4-20

隐藏层结果包含一个来自栈式自动编码器的潜在节点，如图 4-21 所示。

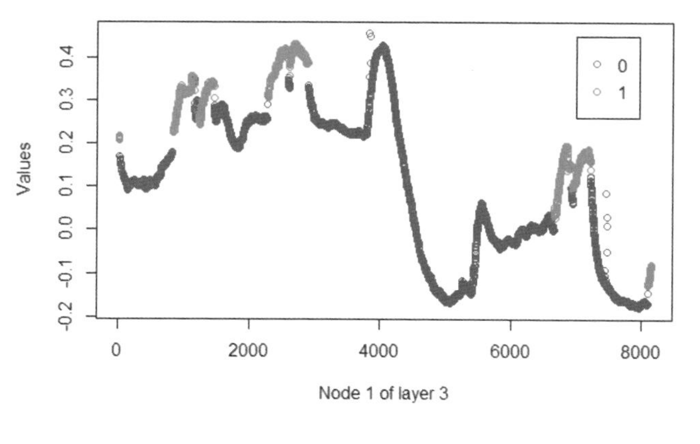

图 4-21

7．图 4-21 显示了潜在变量的峰值处的占用为真。但是，峰值出现在不同值处。我们增加潜在变量 2，如同 PCA 捕获的。使用以下脚本可以开发模型并绘制数据：

```
SAE_obj<-SAENET.train(X.train= subset(occupancy_train$data,
select=-c(Occupancy)), n.nodes=c(4, 3, 2), unit.type ="tanh",
lambda = 1e-5, beta = 1e-5, rho = 0.01, epsilon = 0.01,
max.iterations=1000)

# 绘制编码器值
plot(SAE_obj[[3]]$X.output[,1], SAE_obj[[3]]$X.output[,2],
col="blue", xlab = "Node 1 of layer 3", ylab = "Node 2 of layer 3")
ix<-occupancy_train$data[,6]==1
points(SAE_obj[[3]]$X.output[ix,1], SAE_obj[[3]]$X.output[ix,2],
col="red")
```

8．图 4-22 展示了两层编码器值。

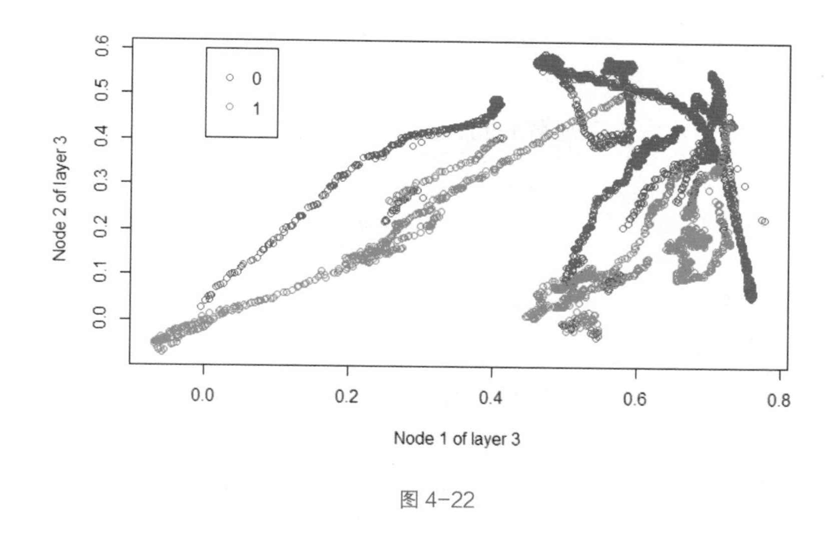

图 4-22

4.10 评估稀疏分解

稀疏自动编码器也称为过完全表示，并且隐藏层中的节点数量更多。通常使用稀疏参数（正则化）执行稀疏自动编码器，该参数担任约束并限制节点处于活动状态。稀疏性也可以假定为由于稀疏性约束而引起的节点 dropout。稀疏自动编码器的损失函数由重构误差、包含权重衰减的正则化项和稀疏性约束的 KL 散度（Kullback-Leibler Divergence）组成。以下表达式为我们所谈论的内容提供了一个非常好的例证：

$$\|\boldsymbol{X}-f(h)\|^2+\frac{\lambda}{2}\|\boldsymbol{W}\|^2+\beta J_{KL}(\rho\|\hat{\rho})$$

其中，$\boldsymbol{X}$ 和 $f(h)$ 代表输入矩阵和解码器的输出。$\boldsymbol{W}$ 代码节点的权重矩阵，且 λ 和 β 是正则参数和对稀疏项的惩罚。$J_{KL}(\rho\|\hat{\rho})$是为稀疏项 ρ 捕获的 KL 散度值。对于给定稀疏参数的 KL 散度值可以计算为：

$$J_{KL}(\rho\|\hat{\rho})=\sum_{i=1}^{n'}\rho\log\left(\frac{\rho}{\hat{\rho}_i}\right)+(1-\rho)\log\left(\frac{1-\rho}{1-\rho_i}\right)$$

其中，n' 为在 h 层的节点数，且$\hat{\rho}$为归一化神经元隐藏层平均活动的向量。

4.10.1 做好准备

1．加载并建立数据集。

2．使用以下脚本安装并加载 autoencoder 软件包：

```
install.packages("autoencoder")
require(autoencoder)
```

4.10.2 怎么做

1．通过更新成本函数，TensorFlow 的标准自动编码器代码可以很容易地扩展为稀疏自动编码器模块。本节将介绍 R 的 autoencoder 软件包，该软件包内置了用于运行稀疏自动编码器的功能。

```
### 设置参数
nl<-3
N.hidden<-100
unit.type<-"logistic"
lambda<-0.001
rho<-0.01
beta<-6
max.iterations<-2000
epsilon<-0.001

### 运行稀疏自动编码器
spe_ae_obj <- autoencode(X.train=trainData, X.test = validData,
```

```
nl=nl, N.hidden=N.hidden,
unit.type=unit.type,lambda=lambda,beta=beta,
epsilon=epsilon,rho=rho,max.iterations=max.iterations, rescale.flag
= T)
```

2．autoencoder 函数中的主要参数如下。

- nl：包括输入和输出层的层数（默认值为 3）。
- N.hidden：每个隐藏层中神经元数量的向量。
- unit.type：要使用的激活函数的类型。
- lambda：正则化参数。
- rho：稀疏参数。
- beta：稀疏项的惩罚。
- max.iterations：最大的迭代次数。
- epsilon：权重初始化的参数。权重使用高斯分布～ N(0,epsilon2) 来初始化。

4.10.3 工作原理

图 4-23 显示由稀疏自动编码器捕获的来自 MNIST 的数字形状和方向。

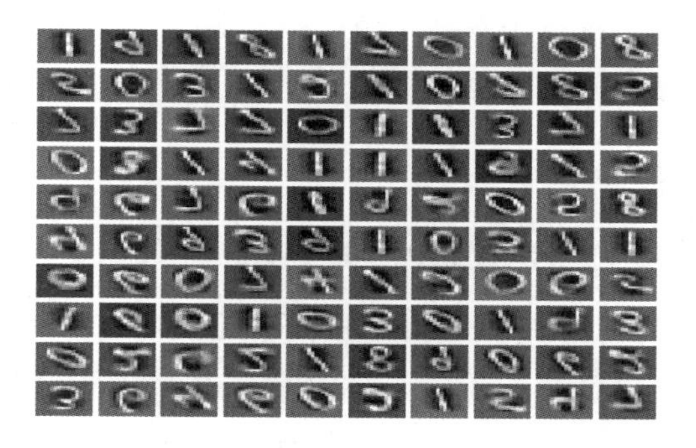

图 4-23

稀疏自动编码器学习的过滤器可以使用 autoencoder 包中的 visualize.hidden.units 函数进行可视化。该软件包绘制了最终层相对于输出的权重。在当前情况下，100 是隐藏层中的神经元数量，256 是输出层中的节点数量。

第 5 章 深度学习中的生成模型

本章将介绍以下主题：

- 比较主成分分析和受限玻尔兹曼机；
- 为伯努利分布输入配置受限玻尔兹曼机；
- 训练受限玻尔兹曼机；
- 受限玻尔兹曼机的反向或重构阶段；
- 了解重构的对比散度；
- 初始化并启动一个新的 TensorFlow 会话；
- 评估受限玻尔兹曼机的输出；
- 为协同过滤构建一个受限玻尔兹曼机；
- 执行一个完整的受限玻尔兹曼机训练；
- 构建深度信念网络；
- 实现前馈反向传播神经网络；
- 建立一个深度受限玻尔兹曼机。

5.1 比较主成分分析和受限玻尔兹曼机

在本节中，将学习两种广泛推荐的降维技术——主成分分析（Principal Component Analysis，PCA）和受限玻尔兹曼机（Restricted Boltzmann Machine，RBM）。考虑 n 维空间中的向量 $\boldsymbol{v}$，维度降低技术实质上将向量 v 转换为具有 m 维（$m < n$）的相对较小（或有时相等）的向量 $\boldsymbol{v}'$。转换可以是线性或非线性的。

PCA 对特征执行线性变换，从而生成正交调整的成分，稍后根据它们的方差捕获的相对重要性对其进行排序。这些 m 个成分可以被视为新的输入特征，可以定义为：

$$\text{向量}\ \boldsymbol{v}' = \sum_{i=1}^{m} w_i c_i$$

此处，w 和 c 分别对应于权重（加载）和变换后的成分。

与 PCA 不同，RBM（或深度置信网络 / 自动编码器）使用可见和隐藏单元之间的连接执行非线性转换，如第 4 章“使用自动编码器的数据表示”中所述。非线性有助于更好地理解与潜在变量的关系。随着信息捕获，它们也倾向于消除噪声。RBM 通常基于随机分布（伯努利或高斯）。

> 进行大量的吉布斯采样来学习和优化可见层和隐藏层之间的连接权重。优化发生在两个阶段：使用给定的可见层对隐藏层进行采样的正向过程，以及使用给定隐藏层对可见层进行重新采样的向后过程。执行优化以使重构误差最小化。

图 5-1 展示了受限的玻尔兹曼机。

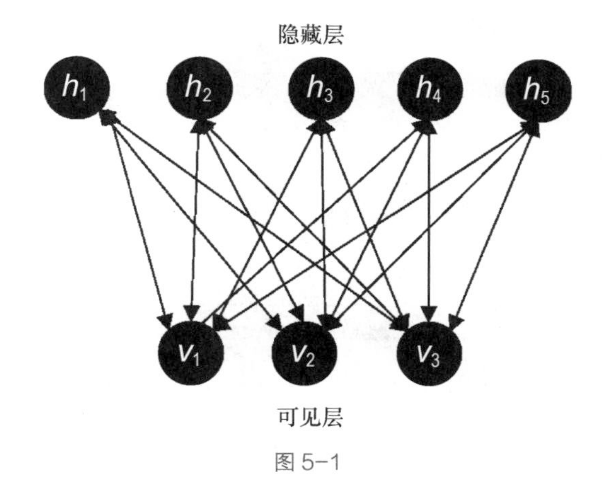

图 5-1

5.1.1 做好准备

本小节需要 R（rbm 和 ggplot2 软件包）和 MNIST 数据集。MNIST 数据集可以从 TensorFlow 数据集库中下载。数据集由 28×28 像素的手写图像组成。它有 55,000 个训练实例和 10,000 个测试实例。可以使用以下脚本从 TensorFlow 库下载它。

```
library(tensorflow)
datasets <- tf$contrib$learn$datasets
mnist <- datasets$mnist$read_data_sets("MNIST-data", one_hot = TRUE)
```

5.1.2　怎么做

1．提取训练数据集（trainX 有全部 784 个独立变量，trainY 有相应的 10 个二进制输出）：

```
trainX <- mnist$train$images
trainY <- mnist$train$labels
```

2．在 trainX 数据上运行 PCA：

```
PCA_model <- prcomp(trainX, retx=TRUE)
```

3．在 trainX 数据上运行 RBM：

```
RBM_model <- rbm(trainX, retx=TRUE, max_epoch=500,num_hidden =900)
```

4．使用生成的模型预测训练数据。在 RBM 模型下生成概率：

```
PCA_pred_train <- predict(PCA_model)
RBM_pred_train <- predict(RBM_model,type='probs')
```

5．将结果转换为数据框：

```
PCA_pred_train <- as.data.frame(PCA_pred_train)
 class="MsoSubtleEmphasis">RBM_pred_train <-
as.data.frame(as.matrix(RBM_pred_train))
```

6．将 10 类二进制数据帧转换为数字向量：

```
    trainY_num<-
as.numeric(stringi::stri_sub(colnames(as.data.frame(trainY))[max.col
(as.data.frame(trainY),ties.method="first")],2))
```

7．绘制使用 PCA 生成的成分。此处，x 轴表示主成分 1，y 轴表示主成分 2。图 5-2 显示 PCA 模型的结果。

```
ggplot(PCA_pred_train, aes(PC1, PC2))+
  geom_point(aes(colour = trainY))+
  theme_bw()+labs()+
  theme(plot.title = element_text(hjust = 0.5))
```

8．绘制使用 PCA 生成的隐藏层。此处，x 轴表示隐藏 1，y 轴表示隐藏 2。图 5-3 展示 RBM 模型的结果。

```
ggplot(RBM_pred_train, aes(Hidden_2, Hidden_3))+
  geom_point(aes(colour = trainY))+
  theme_bw()+labs()+
  theme(plot.title = element_text(hjust = 0.5))
```

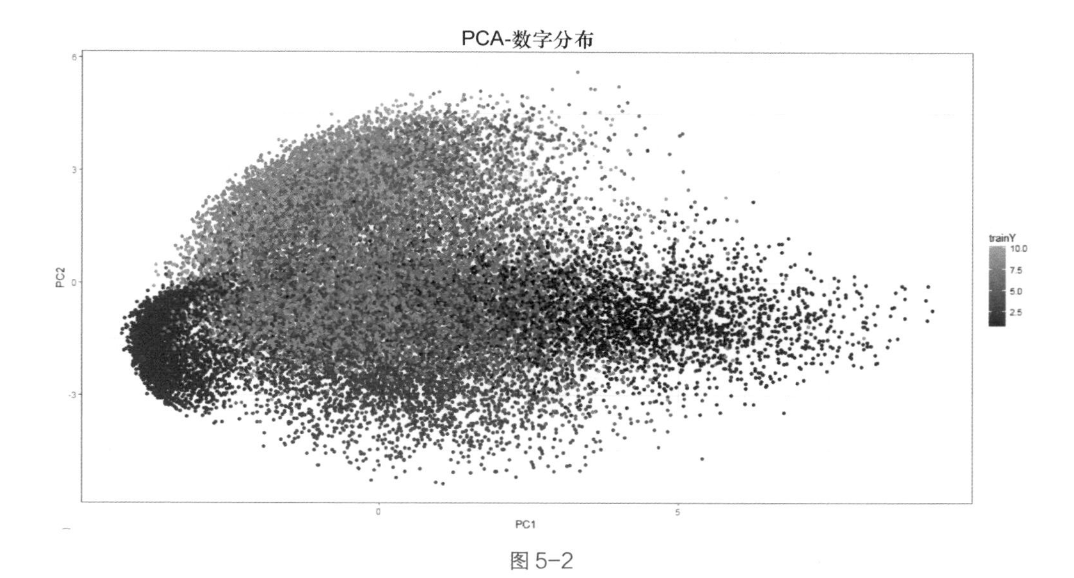

图 5-2

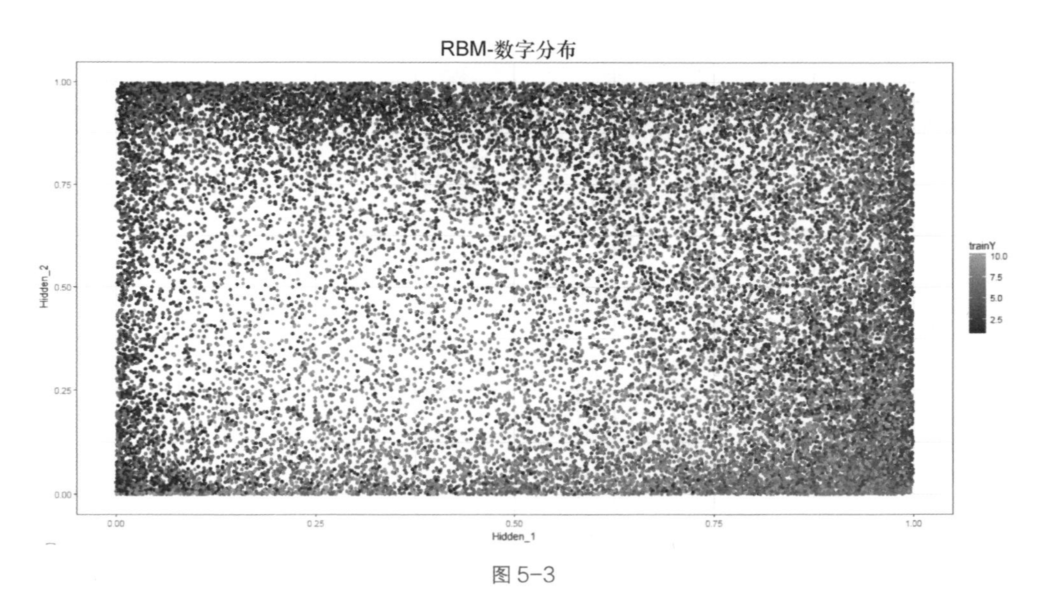

图 5-3

以下代码和图 5-4 显示由主要成分解释说明的累积方差。

```
var_explain <- as.data.frame(PCA_model$sdev^2/sum(PCA_model$sdev^2))
var_explain <- cbind(c(1:784),var_explain,cumsum(var_explain[,1]))
colnames(var_explain) <- c("PcompNo.","Ind_Variance","Cum_Variance")
plot(var_explain$PcompNo.,var_explain$Cum_Variance, xlim =
```

```
c(0,100),type='b',pch=16,xlab = "# of Principal Components",ylab =
"Cumulative Variance",main = 'PCA - Explained variance')
```

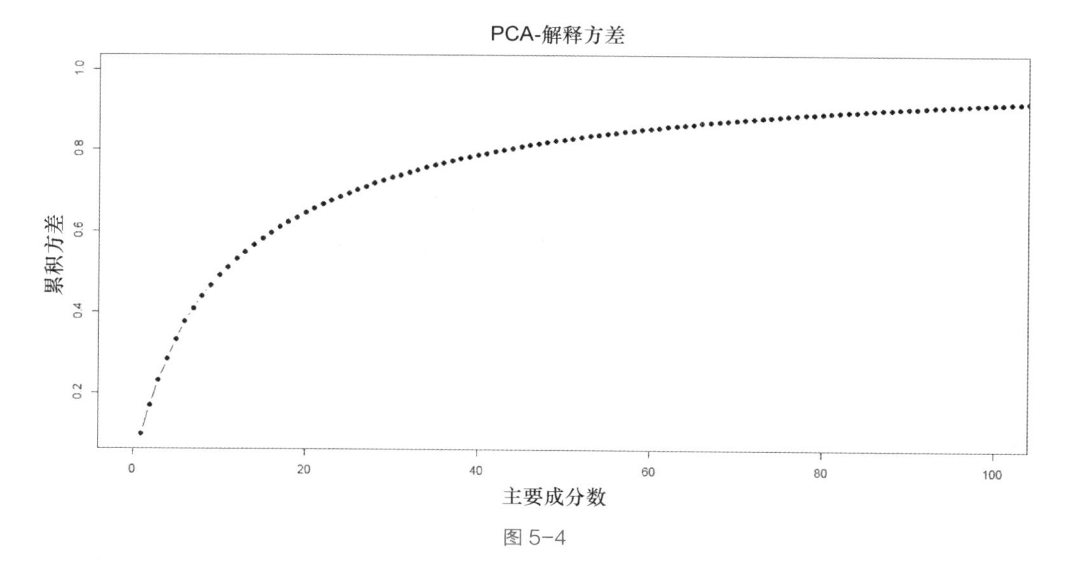

图 5-4

以下代码和图 5-5 显示在使用多个轮数生成 RBM 时重构训练误差的减少。

```
plot(RBM_model,xlab = "# of epoch iterations",ylab = "Reconstruction
error",main = 'RBM - Reconstruction Error')
```

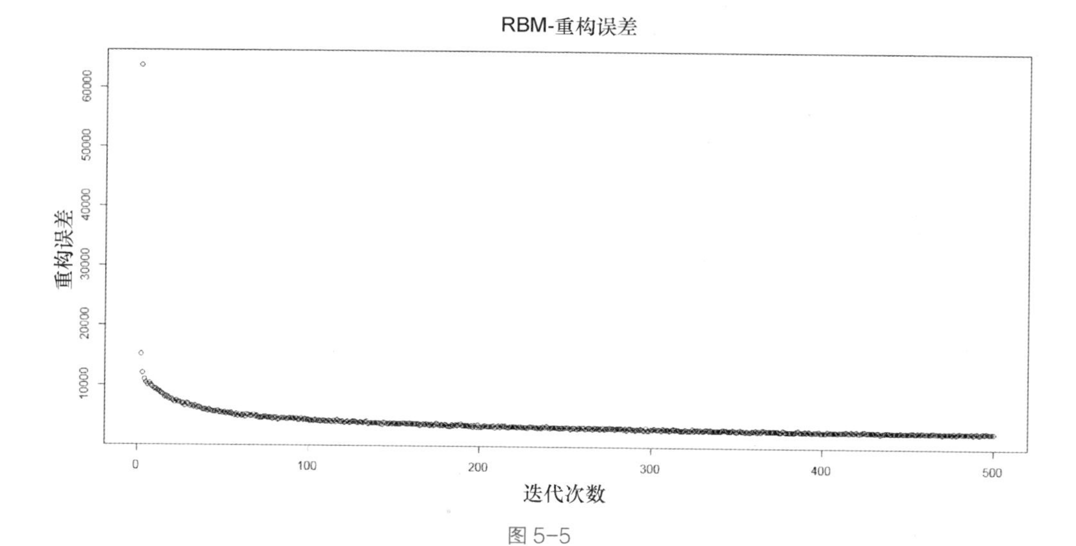

图 5-5

5.2 为伯努利分布输入配置受限玻尔兹曼机

在本节中，我们为伯努利分布式输入数据构建一个受限制的玻尔兹曼机，其中每个属性的值都在 0 到 1 之间（相当于概率分布）。本节中使用的数据集（MNIST）具有满足伯努利分布的输入数据。

RBM 由两层组成：可见层和隐藏层。可见层是一个节点的输入层，等于输入属性的数量。在我们的例子中，MNIST 数据集中的每张图都是使用 784（28×28）像素定义的。因此，我们的可见层将有 784 个节点。

另外，隐藏层通常是用户定义的。隐藏层具有一组二进制激活节点，每个节点具有与所有其他可见节点连接概率。在我们的例子中，隐藏层将有 900 个节点。作为初始步骤，可见层中的所有节点都与隐藏层中的所有节点双向连接。

每个连接使用权重定义，因此定义权重矩阵。其中，行表示输入节点的数量，列表示隐藏节点的数量。在我们的例子中，权重矩阵（$\boldsymbol{W}$）将是一个尺寸为 784×900 的张量。

除了权重之外，每层中的所有节点都由偏置节点协助。可见层的偏置节点将与所有可见节点（784 个节点）建立连接，用 $\boldsymbol{v}_b$ 表示，而隐藏层的偏置节点将与所有隐藏节点（900 个节点）建立连接，表示为 $\boldsymbol{h}_b$。

对于 RBM，需要记住的一点是每层中的节点之间不会有连接。换言之，连接将是层间连接，而不是层内连接。

图 5-6 展示了带有可见层、隐藏层和相互连接的 RBM。

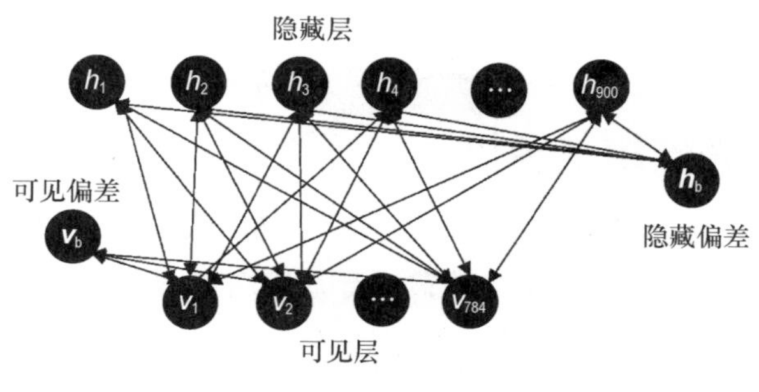

图 5-6

5.2.1　做好准备

本小节提供构建 RBM 的要求。

- 在 R 中安装并配置 TensorFlow。
- 下载并加载 MNIST 数据以构建 RBM。

5.2.2　怎么做

本小节将提供使用 TensorFlow 配置 RBM 可见层和隐藏层的步骤。

1．开启一个新的交互式 TensorFlow 会话：

```
# 重置图
tf$reset_default_graph()
# 开启会话作为交互式会话
sess <- tf$InteractiveSession()
```

2．定义模型参数。num_input 参数定义可见层中的节点数量，num_hidden 定义隐藏层中的节点数量：

```
num_input<-784L
num_hidden<-900L
```

3．为权重矩阵创建一个占位符变量：

```
W <- tf$placeholder(tf$float32, shape = shape(num_input,
num_hidden))
```

4．创建可见和隐藏偏差的占位符变量：

```
vb <- tf$placeholder(tf$float32, shape = shape(num_input))
hb <- tf$placeholder(tf$float32, shape = shape(num_hidden))
```

5.3　训练受限玻尔兹曼机

RBM 的每个训练步骤都经历两个阶段：正向阶段和反向阶段（或重构阶段）。可见单元的重构通过对正向和反向阶段进行几次迭代来进行微调。

在训练正向阶段中，输入的数据从可见层传递到隐藏层，且所有计算都发生在隐藏层的节点内。计算本质上是对每个连接从可见层到隐藏层进行随机决策。在隐藏层中，输入数据（X）乘以权重矩阵（$\boldsymbol{W}$）并且被添加到隐藏偏差向量（$\boldsymbol{h}_b$）。然后，通过 Sigmoid 函数传递大小等于隐藏节点数量的合成向量，以确定每个隐藏节点的输出（或激活状态）。在我们的例子中，每个输入数字将产生 900 个概率的张量向量，并且由于有 55,000 个输入数字，我们将有一个大小为 55,000×900 的激活矩阵。使用隐含层的概率分布矩阵，我们可以生成激活向量的样本，之后用于估计负阶段梯度。

5.3.1 做好准备

本小节提供构建 RBM 的要求。

- 在 R 中安装并设置 TensorFlow。
- 下载并加载 MNIST 数据以构建 RBM。
- RBM 模型的配置如“为伯努利分布输入配置受限玻尔兹曼机”一节中所述。

抽样的例子：考虑一个和概率张量相等的常数向量 $\boldsymbol{s}_1$，使用常数向量 $\boldsymbol{s}_1$ 的分布创建新的随机均匀分布样本 $\boldsymbol{s}_2$。然后计算差异并应用校正后的线性激活函数。

5.3.2 怎么做

本小节提供设置用于使用 TensorFlow 运行 RBM 模型的脚本的步骤：

```
X = tf$placeholder(tf$float32, shape=shape(NULL, num_input))
prob_h0= tf$nn$sigmoid(tf$matmul(X, W) + hb)
h0 = tf$nn$relu(tf$sign(prob_h0 - tf$random_uniform(tf$shape(prob_h0))))
```

使用以下代码来执行在 TensorFlow 中创建的图形：

```
sess$run(tf$global_variables_initializer())
s1 <- tf$constant(value = c(0.1,0.4,0.7,0.9))
cat(sess$run(s1))
s2=sess$run(tf$random_uniform(tf$shape(s1)))
cat(s2)
cat(sess$run(s1-s2))
cat(sess$run(tf$sign(s1 - s2)))
cat(sess$run(tf$nn$relu(tf$sign(s1 - s2))))
```

5.4 RBM 的反向或重构阶段

在重构阶段，来自隐藏层的数据被传回可见层，如图 5-7 所示。将概率 h_0 的隐藏层向量与权重矩阵 $\boldsymbol{W}$ 的转置相乘，并将其添加到可见层偏差 $\boldsymbol{v}_b$ 中，然后使其通过 Sigmoid 函数以生成重构输入向量 prob_v1。

使用重构的输入向量创建样本输入向量，然后将其与权重矩阵 $\boldsymbol{W}$ 相乘并添加到隐藏的偏差向量 $\boldsymbol{h}_b$ 以生成更新的概率 h_1 的隐藏向量。

这也被称为吉布斯抽样（Gibbs Sampling）。在一些情况下，不生成样本输入向量，并且重构的输入向量 prob_v1 被直接用于更新 h_i。

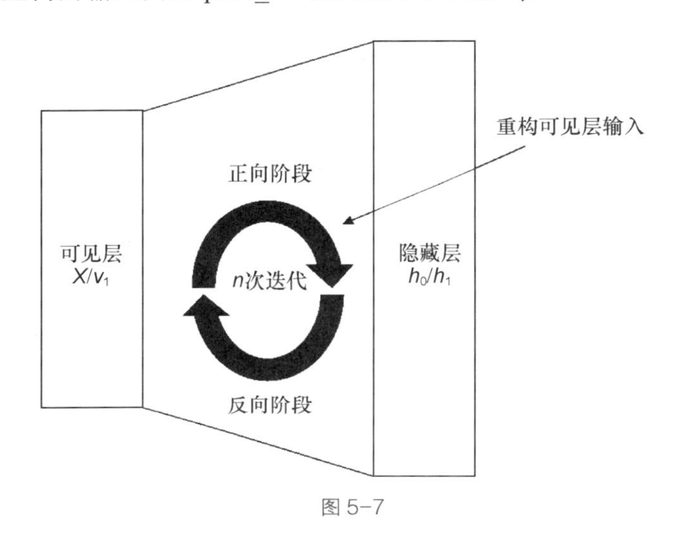

图 5-7

5.4.1 做好准备

使用输入概率向量进行图像重构的要求如下。

- 将 MNIST 数据加载到环境中。
- 使用“训练受限玻尔兹曼机”一节中的方法训练 RBM 模型。

5.4.2 怎么做

本小节介绍执行反向重构和评估的步骤。

1．使用输入概率向量与以下脚本执行反向图像重构：

```
prob_v1 = tf$nn$sigmoid(tf$matmul(h0, tf$transpose(W)) + vb)
v1 = tf$nn$relu(tf$sign(prob_v1 -
tf$random_uniform(tf$shape(prob_v1))))
h1 = tf$nn$sigmoid(tf$matmul(v1, W) + hb)
```

2．可以使用定义的指标进行评估。例如，在实际输入数据（X）和重构的输入数据（v_1）之间计算的均方误差（Mean Squared Error, MSE）。在每一轮后计算 MSE，主要目标是最小化 MSE：

```
err = tf$reduce_mean(tf$square(X - v1))
```

5.5 了解重构的对比散度

作为一个初始开始，目标函数可以被定义为重构可见向量 $\boldsymbol{v}$ 的平均负对数似然的最小化，公式如下，其中 $P(v)$ 表示生成的概率向量：

$$\arg\min(w) - E[\sum_{\theta \in v} \log P(\theta)]$$

5.5.1 做好准备

使用输入概率向量进行图像重构的要求如下。

- 将 MNIST 数据加载到环境中。
- 使用“RBM 的反向或重构阶段”一节的方法重构图像。

5.5.2 怎么做

本小节提供对比散度（Contrastive Divergence，CD）技术的步骤，用于加速采样过程。

1．通过将输入向量 $\boldsymbol{X}$ 与来自给定概率分布 prob_h0 的隐藏向量 $\boldsymbol{h}_0$ 的样本相乘（外积）来计算正权重梯度：

```
w_pos_grad = tf$matmul(tf$transpose(X), h0)
```

2．通过将重构输入数据 v_1 的样本与更新的隐藏激活向量 $\boldsymbol{h}_1$ 相乘（外积）来计算负权重梯度：

```
w_neg_grad = tf$matmul(tf$transpose(v1), h1)
```

3．通过从正梯度中减去负梯度并除以输入数据的大小来计算 CD 矩阵：

```
CD = (w_pos_grad - w_neg_grad) / tf$to_float(tf$shape(X)[0])
```

4．使用学习率（alpha）和 CD 矩阵将权重矩阵 ***W*** 更新到 update _w：

```
update_w = W + alpha * CD
```

5．更新可见和隐藏的偏差向量：

```
update_vb = vb + alpha * tf$reduce_mean(X - v1)
update_hb = hb + alpha * tf$reduce_mean(h0 - h1)
```

5.5.3　工作原理

通过间接修改（和优化）权重矩阵，可以使用随机梯度下降来最小化目标函数。根据概率密度可将整个梯度进一步分为两种形式：正梯度和负梯度。正梯度主要取决于输入数据，负梯度仅取决于生成模型。

在正梯度中，重构训练数据的概率增加；而在负梯度中，模型随机生成的均匀样本的概率降低。

CD 技术用于优化负阶段。在 CD 技术中，权重矩阵在每次重构中进行调整。使用以下公式生成新的权重矩阵。在我们的示例中，学习率（learning rate）被定义为 alpha。

$$\boldsymbol{W}' = \boldsymbol{W} + \text{学习率} * CD$$

5.6　初始化并启动一个新的 TensorFlow 会话

计算误差度量比如均方误差的很大一部分是初始化并启动一个新的 TensorFlow 会话。这里将介绍我们如何处理它。

5.6.1　做好准备

本小节提供启动 TensorFlow 会话的要求，该会话用于计算误差度量。

- 将 MNIST 数据加载到环境中。
- 为 RBM 加载 TensorFlow 图表。

5.6.2 怎么做

本小节提供使用 RBM 重构来优化误差的步骤。

1. 初始化当前和之前的偏差和权重矩阵向量：

```
cur_w = tf$Variable(tf$zeros(shape = shape(num_input, num_hidden),
dtype=tf$float32))
cur_vb = tf$Variable(tf$zeros(shape = shape(num_input),
dtype=tf$float32))
cur_hb = tf$Variable(tf$zeros(shape = shape(num_hidden),
dtype=tf$float32))
prv_w = tf$Variable(tf$random_normal(shape=shape(num_input,
num_hidden), stddev=0.01, dtype=tf$float32))
prv_vb = tf$Variable(tf$zeros(shape = shape(num_input),
dtype=tf$float32))
prv_hb = tf$Variable(tf$zeros(shape = shape(num_hidden),
dtype=tf$float32))
```

2. 开启一个新的 TensorFlow 会话：

```
sess$run(tf$global_variables_initializer())
```

3. 用完整的输入数据（trainX）执行第一次运行，并获得第一组权重矩阵和偏差向量：

```
output <- sess$run(list(update_w, update_vb, update_hb), feed_dict
= dict(X=trainX,
W = prv_w$eval(),
vb = prv_vb$eval(),
hb = prv_hb$eval()))
prv_w <- output[[1]]
prv_vb <-output[[2]]
prv_hb <-output[[3]]
```

4. 我们来看看第一次运行的误差：

```
sess$run(err, feed_dict=dict(X= trainX, W= prv_w, vb= prv_vb, hb=
prv_hb))
```

5. 可以使用以下脚本对 RBM 的完整模型进行训练：

```
epochs=15
errors <- list()
weights <- list()
u=1
for(ep in 1:epochs){
  for(i in seq(0,(dim(trainX)[1]-100),100)){
    batchX <- trainX[(i+1):(i+100),]
    output <- sess$run(list(update_w, update_vb, update_hb),
feed_dict = dict(X=batchX,
W = prv_w,
vb = prv_vb,
hb = prv_hb))
    prv_w <- output[[1]]
    prv_vb <- output[[2]]
    prv_hb <- output[[3]]
    if(i%%10000 == 0){
      errors[[u]] <- sess$run(err, feed_dict=dict(X= trainX, W=
prv_w, vb= prv_vb, hb= prv_hb))
      weights[[u]] <- output[[1]]
      u <- u+1
     cat(i , " : ")
    }
  }
  cat("epoch :", ep, " : reconstruction error : ",
errors[length(errors)][[1]],"\n")
}
```

6. 使用均方误差绘制重构图：

```
error_vec <- unlist(errors)
plot(error_vec,xlab="# of batches",ylab="mean squared
reconstruction error",main="RBM-Reconstruction MSE plot")
```

5.6.3 工作原理

此处，我们将运行 15 个轮数（或迭代次数），每一轮执行批量（大小 = 100）的优化。在每批中，计算 CD 并相应地更新权重和偏差。为了跟踪优化，在每批 10,000 行之后计算 MSE。

图 5-8 显示 90 个批次计算的均方重构误差的下降趋势。

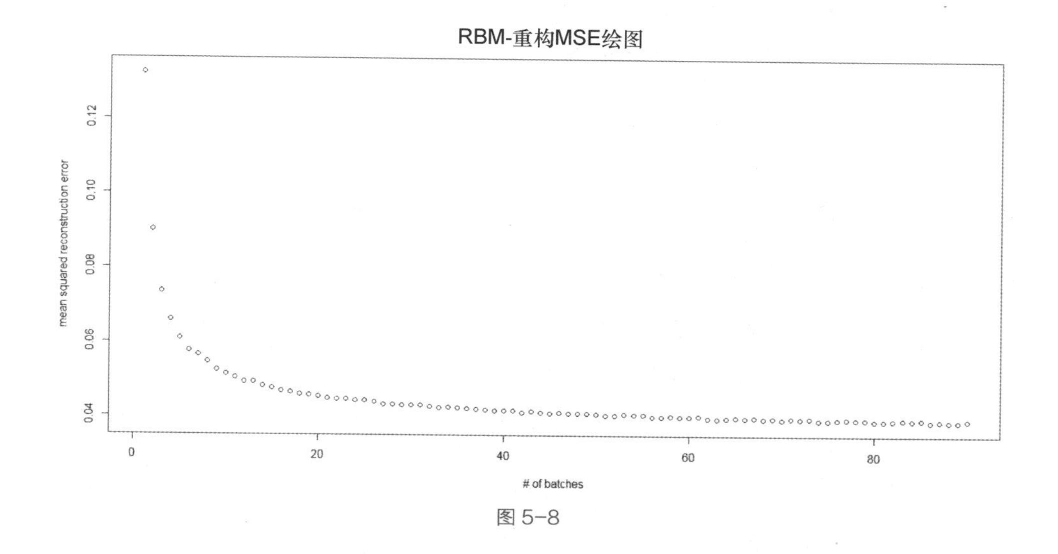

图 5-8

5.7 评估 RBM 的输出

在这里我们绘制最后一层相对于输出（重构输入数据）的权重。在当前情况下，900 是隐藏层中的节点数量，784 是输出（重构）层中的节点数量。

在图 5-9 中，可以看到隐藏层中的前 400 个节点。

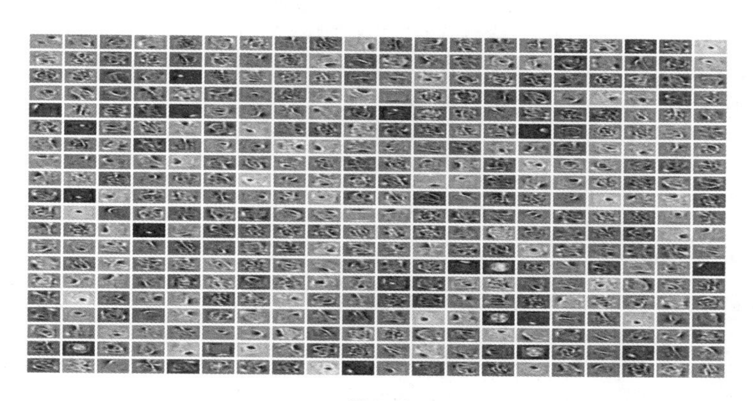

图 5-9

此处，每个图块表示在隐藏节点和所有可见层节点之间形成的连接向量。在每个图块中，黑色区域表示负权重（权重＜ 0），白色区域表示正权重（权重＞ 1），并且灰色区域表示无连接（权重 =0）。正值越高，隐藏节点激活的机会就越大，反之亦然。这些激活有助于确定输入图像的哪一部分由给定的隐藏节点确定。

5.7.1　做好准备

本小节提供了运行评估的要求。

- 将 MNIST 数据加载到环境中。
- 使用 TensorFlow 执行 RBM 模型并获得最佳权重。

5.7.2　怎么做

本小节涵盖了从 RBM 获取权重的评估步骤。

1．运行以下代码以生成 400 个隐藏节点的图像：

```
uw = t(weights[[length(weights)]]) # 提取最近的权重矩阵
weight matrix
numXpatches = 20 # X 轴图像数（用户输入）
numYpatches=20 # Y 轴图像数（用户输入）
pixels <- list()
op <- par(no.readonly = TRUE)
par(mfrow = c(numXpatches,numYpatches), mar = c(0.2, 0.2, 0.2,
0.2), oma = c(3, 3, 3, 3))
for (i in 1:(numXpatches*numYpatches)) {
  denom <- sqrt(sum(uw[i, ]^2))
  pixels[[i]] <- matrix(uw[i, ]/denom, nrow = numYpatches, ncol =
numXpatches)
  image(pixels[[i]], axes = F, col = gray((0:32)/32))
}
par(op)
```

2．从训练数据中选择 4 个实际输入数字的样本：

```
sample_image <- trainX[1:4,]
```

3．使用以下代码可视化这些样本数字：

```
mw=melt(sample_image)
```

```
mw$X3=floor((mw$X2-1)/28)+1
mw$X2=(mw$X2-1)%%28 + 1;
mw$X3=29-mw$X3
ggplot(data=mw)+geom_tile(aes(X2,X3,fill=value))+facet_wrap(~X1,nro
w=2)+
scale_fill_continuous(low='black',high='white')+coord_fixed(ratio=1
)+
  labs(x=NULL,y=NULL,)+
  theme(legend.position="none")+
  theme(plot.title = element_text(hjust = 0.5))
```

4．使用所获得的最终权重和偏差重构这 4 个样本图像：

```
hh0 = tf$nn$sigmoid(tf$matmul(X, W) + hb)
vv1 = tf$nn$sigmoid(tf$matmul(hh0, tf$transpose(W)) + vb)
feed = sess$run(hh0, feed_dict=dict( X= sample_image, W= prv_w, hb=
prv_hb))
rec = sess$run(vv1, feed_dict=dict( hh0= feed, W= prv_w, vb=
prv_vb))
```

5．使用以下代码可视化重构的样本数字：

```
mw=melt(rec)
mw$X3=floor((mw$X2-1)/28)+1
mw$X2=(mw$X2-1)%%28 + 1
mw$X3=29-mw$X3
ggplot(data=mw)+geom_tile(aes(X2,X3,fill=value))+facet_wrap(~X1,nro
w=2)+
scale_fill_continuous(low='black',high='white')+coord_fixed(ratio=1
)+
  labs(x=NULL,y=NULL,)+
  theme(legend.position="none")+
  theme(plot.title = element_text(hjust = 0.5))
```

5.7.3 工作原理

图 5-10 显示 4 个样本数字的原始图像。

图 5-11 显示相同 4 个数字的重构图像。

重构的图像似乎已经消除了噪声，特别是在数字 3 和 6 的情况下。

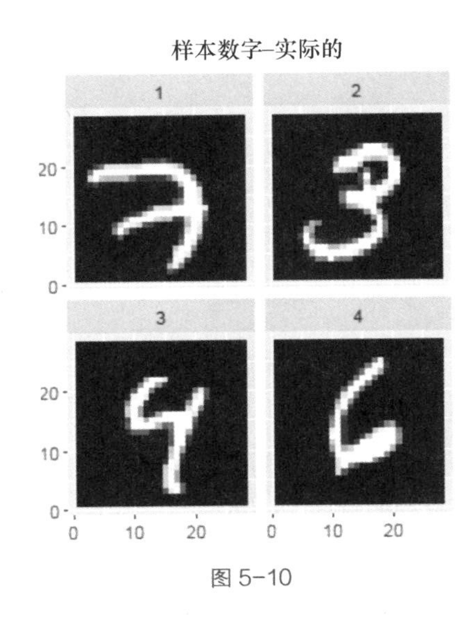

图 5-10

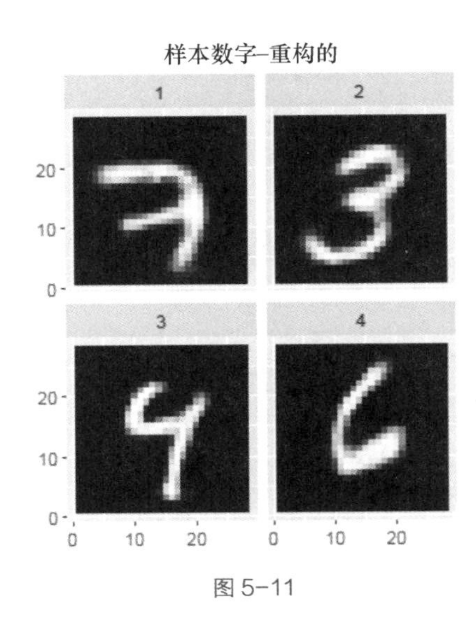

图 5-11

5.8　为协同过滤构建一个受限玻尔兹曼机

在本节中，你将学习如何使用 RBM 构建基于协同过滤的推荐系统。在这里，对于每个用户，RBM 试图根据过去对不同项目进行评级的行为来识别相似的用户，然后尝试推荐下一个最佳项目。

5.8.1　做好准备

在本小节中，我们将使用 Grouplens 研究机构的 movielens 数据集。数据集（movies.dat 和 ratings.dat）可以从以下链接下载。movies.dat 包含 3,883 部电影信息，ratings.dat 包含这些电影的 1,000,209 个用户评级的信息。评级范围从 1 到 5，其中 5 是最高的。

```
http://files.grouplens.org/datasets/movielens/ml-1m.zip
```

5.8.2　怎么做

本小节将介绍使用 RBM 构建协同过滤的步骤。

1．在 R 中读取 movies.dat 数据集：

```
txt <- readLines("movies.dat", encoding = "latin1")
txt_split <- lapply(strsplit(txt, "::"), function(x)
as.data.frame(t(x), stringsAsFactors=FALSE))
movies_df <- do.call(rbind, txt_split)
names(movies_df) <- c("MovieID", "Title", "Genres")
movies_df$MovieID <- as.numeric(movies_df$MovieID)
```

2．将新列（id_order）添加到 movies 数据集中，因为当前 ID 列（UserID）不能用于索引影片，因为它们的范围是 1 到 3,952：

```
movies_df$id_order <- 1:nrow(movies_df)
```

3．在 R 中读取 ratings.dat 数据集：

```
ratings_df <- read.table("ratings.dat",
sep=":",header=FALSE,stringsAsFactors = F)
ratings_df <- ratings_df[,c(1,3,5,7)]
colnames(ratings_df) <- c("UserID","MovieID","Rating","Timestamp")
```

4．合并电影和评级数据集，all = FALSE：

```
merged_df <- merge(movies_df, ratings_df, by="MovieID",all=FALSE)
```

5．删除不需要的列：

```
merged_df[,c("Timestamp","Title","Genres")] <- NULL
```

6．将评级转换为百分比：

```
merged_df$rating_per <- merged_df$Rating/5
```

7．为 1,000 个用户的样本生成所有影片的评级矩阵：

```
num_of_users <- 1000
num_of_movies <- length(unique(movies_df$MovieID))
trX <- matrix(0,nrow=num_of_users,ncol=num_of_movies)
for(i in 1:num_of_users){
  merged_df_user <- merged_df[merged_df$UserID %in% i,]
  trX[i,merged_df_user$id_order] <- merged_df_user$rating_per
}
```

8．查看 trX 训练数据集的分布。它似乎遵循伯努利分布（值在 0 到 1 范围内）：

```
summary(trX[1,]); summary(trX[2,]); summary(trX[3,])
```

9．定义输入模型参数：

```
num_hidden = 20
num_input = nrow(movies_df)
```

10．开启一个新的 TensorFlow 会话：

```
sess$run(tf$global_variables_initializer())
output <- sess$run(list(update_w, update_vb, update_hb), feed_dict
= dict(v0=trX,
W = prv_w$eval(),
vb = prv_vb$eval(),
hb = prv_hb$eval()))
prv_w <- output[[1]]
prv_vb <- output[[2]]
prv_hb <- output[[3]]
sess$run(err_sum, feed_dict=dict(v0=trX, W= prv_w, vb= prv_vb, hb=
prv_hb))
```

11．使用 500 个迭代次数和 100 个批量大小训练 RBM：

```
epochs= 500
errors <- list()
weights <- list()

for(ep in 1:epochs){
  for(i in seq(0,(dim(trX)[1]-100),100)){
    batchX <- trX[(i+1):(i+100),]
    output <- sess$run(list(update_w, update_vb, update_hb),
feed_dict = dict(v0=batchX,
W = prv_w,
vb = prv_vb,
hb = prv_hb))
    prv_w <- output[[1]]
    prv_vb <- output[[2]]
    prv_hb <- output[[3]]
    if(i%%1000 == 0){
      errors <- c(errors,sess$run(err_sum,
feed_dict=dict(v0=batchX, W= prv_w, vb= prv_vb, hb= prv_hb)))
      weights <- c(weights,output[[1]])
      cat(i , " : ")
    }
  }
  cat("epoch :", ep, " : reconstruction error : ",
```

```
errors[length(errors)][[1]],"\n")
}
```

12．对重构均方误差绘图：

```
error_vec <- unlist(errors)
plot(error_vec,xlab="# of batches",ylab="mean squared
reconstruction error",main="RBM-Reconstruction MSE plot")
```

5.9 执行一个完整的 RBM 训练

和之前章节中提到的 RBM 配置相同，使用 20 个隐藏节点在用户评级数据集（trX）上训练 RBM。为了跟踪优化，在每批 1,000 行之后计算 MSE。图 5-12 显示为 500 个批次（等于轮数）计算的均方重构误差的下降趋势。

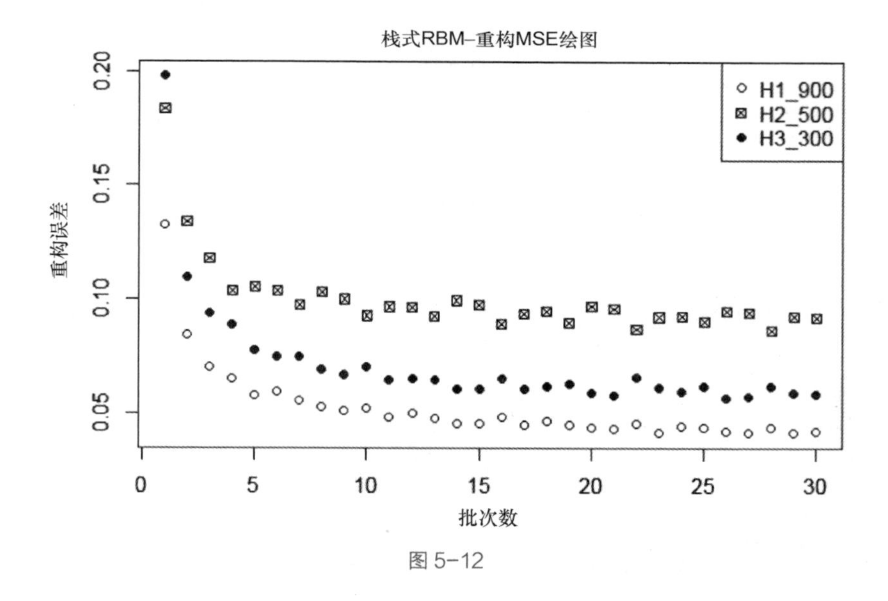

图 5-12

研究 RBM 的推荐：现在我们来看看基于 RBM 的协同过滤为给定用户 ID 生成的推荐。此处，我们将查看该用户 ID 评级最高的类型和最受推荐的类型，以及前 10 名电影推荐。

图 5-13 显示评级最高的类型。

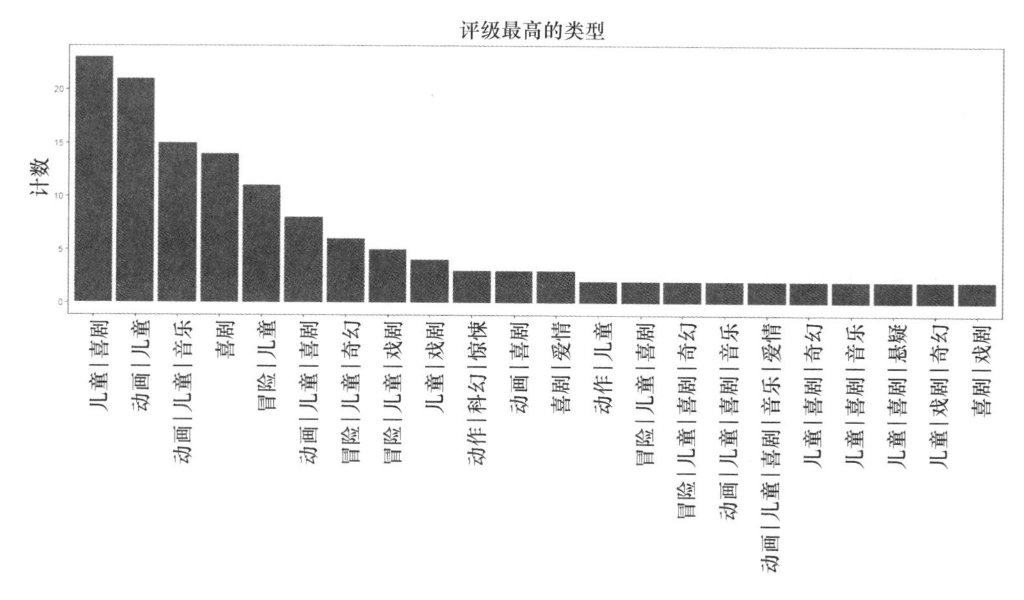

图 5-13

图 5-14 显示了最受推荐的类型列表。

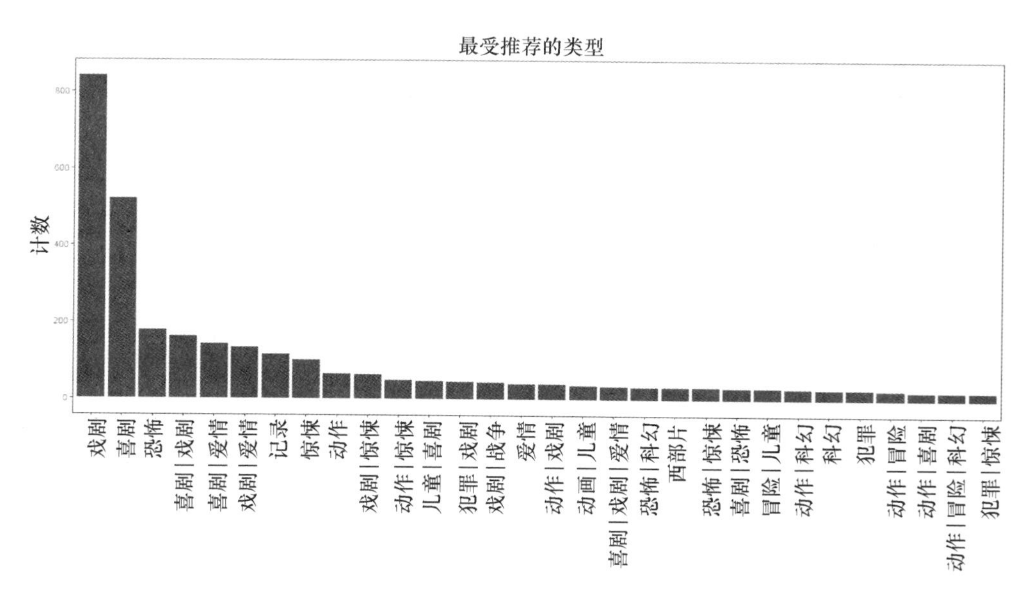

图 5-14

5.9.1 做好准备

本小节提供协同过滤输出评估的要求：

- R 中安装并设置 TensorFlow。
- 将 movies.dat 和 ratings.dat 数据集加载到 R 环境中。
- “为协同过滤构建一个受限玻尔兹曼机”一节已经执行。

5.9.2 怎么做

本小节提供评估基于 RBM 的协作过滤输出的步骤。

1. 选择用户的评级：

```
inputUser = as.matrix(t(trX[75,]))
names(inputUser) <- movies_df$id_order
```

2. 删除未被用户评分的电影（假设他们还没有被看到）：

```
inputUser <- inputUser[inputUser>0]
```

3. 绘制用户看到的最高类型：

```
top_rated_movies <-
movies_df[as.numeric(names(inputUser)[order(inputUser,decreasing =
TRUE)]),]$Title
top_rated_genres <-
movies_df[as.numeric(names(inputUser)[order(inputUser,decreasing =
TRUE)]),]$Genres
top_rated_genres <-
as.data.frame(top_rated_genres,stringsAsFactors=F)
top_rated_genres$count <- 1
top_rated_genres <-
aggregate(count~top_rated_genres,FUN=sum,data=top_rated_genres)
top_rated_genres <- top_rated_genres[with(top_rated_genres, order(-
count)), ]
top_rated_genres$top_rated_genres <-
factor(top_rated_genres$top_rated_genres, levels =
top_rated_genres$top_rated_genres)
ggplot(top_rated_genres[top_rated_genres$count>1,],aes(x=top_rated_
genres,y=count))+
geom_bar(stat="identity")+
```

```
theme_bw()+
theme(axis.text.x = element_text(angle = 90, hjust = 1))+
labs(x="Genres",y="count",)+
theme(plot.title = element_text(hjust = 0.5))
```

4. 重构输入向量以获得所有类型 / 电影的推荐百分比：

```
hh0 = tf$nn$sigmoid(tf$matmul(v0, W) + hb)
vv1 = tf$nn$sigmoid(tf$matmul(hh0, tf$transpose(W)) + vb)
feed = sess$run(hh0, feed_dict=dict( v0= inputUser, W= prv_w, hb=
prv_hb))
rec = sess$run(vv1, feed_dict=dict( hh0= feed, W= prv_w, vb=
prv_vb))
names(rec) <- movies_df$id_order
```

5. 绘制最受推荐的类型：

```
top_recom_genres <-
movies_df[as.numeric(names(rec)[order(rec,decreasing =
TRUE)]),]$Genres
top_recom_genres <-
as.data.frame(top_recom_genres,stringsAsFactors=F)
top_recom_genres$count <- 1
top_recom_genres <-
aggregate(count~top_recom_genres,FUN=sum,data=top_recom_genres)
top_recom_genres <- top_recom_genres[with(top_recom_genres, order(-
count)), ]
top_recom_genres$top_recom_genres <-
factor(top_recom_genres$top_recom_genres, levels =
top_recom_genres$top_recom_genres)
ggplot(top_recom_genres[top_recom_genres$count>20,],aes(x=top_recom
_genres,y=count))+
geom_bar(stat="identity")+
theme_bw()+
theme(axis.text.x = element_text(angle = 90, hjust = 1))+
labs(x="Genres",y="count",)+
theme(plot.title = element_text(hjust = 0.5))
```

6. 找到前 10 名推荐电影：

```
top_recom_movies <-
movies_df[as.numeric(names(rec)[order(rec,decreasing =
TRUE)]),]$Title[1:10]
```

图 5-15 显示前 10 个推荐的电影。

```
> top_recom_movies
 [1] "Star Wars: Episode VI - Return of the Jedi (1983)"
 [2] "Matrix, The (1999)"
 [3] "Star Wars: Episode V - The Empire Strikes Back (1980)"
 [4] "Jurassic Park (1993)"
 [5] "Star Wars: Episode IV - A New Hope (1977)"
 [6] "Terminator 2: Judgment Day (1991)"
 [7] "Raiders of the Lost Ark (1981)"
 [8] "Star Wars: Episode I - The Phantom Menace (1999)"
 [9] "Men in Black (1997)"
[10] "Princess Bride, The (1987)"
```

图 5-15

5.10 构建深度信念网络

深度信念网络（Deep Belief Network，DBN）是一种深度神经网络（Deep Neural Network，DNN），由多个隐藏层（或潜在变量）组成。此处，连接仅存在于层之间，而不存在于每层的节点内。DBN 可以被训练为无监督模型和监督模型。

无监督模型用于重构去除噪声的输入且监督模型（预训练后）用于执行分类。由于每层中的节点内没有连接，因此可以将 DBN 视为一组无监督的 RBM 或自动编码器，其中每个隐藏层用作其后连接的隐藏层的可见层。

这种栈式的 RBM 强化了输入重构的性能，其中 CD 应用于所有层，从实际输入训练层开始并在最后一个隐藏层（或潜在层）完成。

DBN 是一种图像模型，以贪婪的方式训练栈式 RBM。DBN 的网络倾向于使用输入特征 i 和隐藏层 $h_{1,2,\cdots,m}$ 之间的联合分布来学习深层次表示：

$$P(i, h_1, h_2, \cdots, h_m) = \left(\prod_{k=0}^{m-2} P(h_k \mid h_{k+1}) \right) * P(h_{m-1}, h_m)$$

这里，$i=h_0$；$P(h_{k-1} | h_k)$是 k 层的 RBM 隐藏层上的重构可见单元的条件分布；$P(h_{m-1} | h_m)$是 DBN 最终 RBM 层处隐藏和可见单元（重构）的联合分布。图 5-16

展示 4 个隐藏层的 DBN，其中 ***W*** 代表权重矩阵。

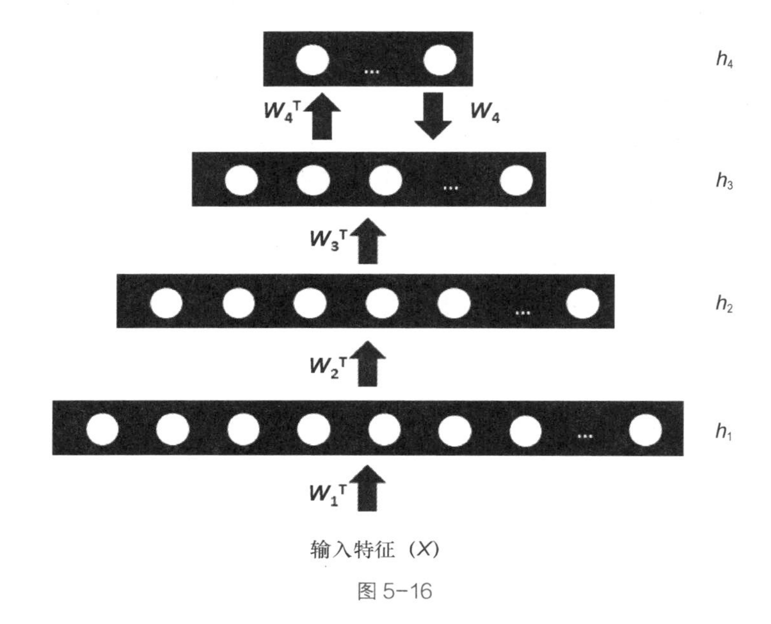

图 5-16

DBN 也可以用来强化 DNN 的鲁棒性。DNN 在实施反向传播时面临局部优化问题。在误差表面具有多个槽的情况下这是可能的，并且反向传播发生的梯度下降发生在局部深槽（而不是全局深槽）内。另外，DBN 执行输入特征的预训练，这有助于优化直接朝向全局最深槽，然后使用反向传播来执行梯度下降以逐渐减小误差率。

训练一组 3 个 RBM：在本节中，我们将使用 3 个栈式 RBM 训练一个 DBN，其中第一个隐藏层有 900 个节点，第二个隐藏层有 500 个节点，第三个隐藏层有 300 个节点。

5.10.1　做好准备

本小节提供 TensorFlow 的要求。

- 加载并配置数据集。
- 使用以下脚本加载 TensorFlow 包：

```
require(tensorflow)
```

5.10.2 怎么做

本小节介绍构建深度信念网络的步骤。

1. 将每个隐藏层中的节点数量定义为一个向量：

```
RBM_hidden_sizes = c(900, 500 , 300 )
```

2. 生成 RBM 函数，利用“为伯努利分布输入配置受限玻尔兹曼机”一节中的代码，并采用表 5-1 提到的输入和输出参数。

表 5-1　输入和输出参数

参数类型	参数名	参数描述
输入（RBM 前）	input_data	训练 MNIST 数据的矩阵
输入（RBM 前）	num_inpupt	独立变量的数量
输入（RBM 前）	num_output	相应隐藏层中的节点数量
输入（RBM 前）	epochs	迭代次数
输入（RBM 前）	alpha	更新权重矩阵的学习率
输入（RBM 前）	batchsize	每批运行的观察值数
输出（RBM 前）	output_data	重构输出的矩阵
输出（RBM 前）	error_list	每运行 10 批的重构误差列表
输出（RBM 前）	weight_list	每运行 10 批的权重矩阵列表
输出（RBM 前）	weight_final	所有迭代后获得的最终权重矩阵
输出（RBM 前）	bias_final	所有迭代后获得的最终偏差向量

以下是构建 RBM 的函数：

```
RBM <- function(input_data, num_input, num_output, epochs = 5,
alpha = 0.1, batchsize=100){
# Placeholder variables
vb <- tf$placeholder(tf$float32, shape = shape(num_input))
hb <- tf$placeholder(tf$float32, shape = shape(num_output))
W <- tf$placeholder(tf$float32, shape = shape(num_input,
num_output))
# 阶段 1：正向阶段
X = tf$placeholder(tf$float32, shape=shape(NULL, num_input))
prob_h0= tf$nn$sigmoid(tf$matmul(X, W) + hb) #probabilities of the
hidden units
```

```
h0 = tf$nn$relu(tf$sign(prob_h0 -
tf$random_uniform(tf$shape(prob_h0)))) #sample_h_given_X
# 阶段 2：反向阶段
prob_v1 = tf$nn$sigmoid(tf$matmul(h0, tf$transpose(W)) + vb)
v1 = tf$nn$relu(tf$sign(prob_v1 -
tf$random_uniform(tf$shape(prob_v1))))
h1 = tf$nn$sigmoid(tf$matmul(v1, W) + hb)
# 计算梯度
w_pos_grad = tf$matmul(tf$transpose(X), h0)
w_neg_grad = tf$matmul(tf$transpose(v1), h1)
CD = (w_pos_grad - w_neg_grad) / tf$to_float(tf$shape(X)[0])
update_w = W + alpha * CD
update_vb = vb + alpha * tf$reduce_mean(X - v1)
update_hb = hb + alpha * tf$reduce_mean(h0 - h1)
# 目标函数
err = tf$reduce_mean(tf$square(X - v1))
# 初始化变量
cur_w = tf$Variable(tf$zeros(shape = shape(num_input, num_output),
dtype=tf$float32))
cur_vb = tf$Variable(tf$zeros(shape = shape(num_input),
dtype=tf$float32))
cur_hb = tf$Variable(tf$zeros(shape = shape(num_output),
dtype=tf$float32))
prv_w = tf$Variable(tf$random_normal(shape=shape(num_input,
num_output), stddev=0.01, dtype=tf$float32))
prv_vb = tf$Variable(tf$zeros(shape = shape(num_input),
dtype=tf$float32))
prv_hb = tf$Variable(tf$zeros(shape = shape(num_output),
dtype=tf$float32))
# 开启 TensorFlow 会话
sess$run(tf$global_variables_initializer())
output <- sess$run(list(update_w, update_vb, update_hb), feed_dict
= dict(X=input_data,
W = prv_w$eval(),
vb = prv_vb$eval(),
hb = prv_hb$eval()))
prv_w <- output[[1]]
prv_vb <- output[[2]]
prv_hb <- output[[3]]
sess$run(err, feed_dict=dict(X= input_data, W= prv_w, vb= prv_vb,
hb= prv_hb))
errors <- weights <- list()
u=1
for(ep in 1:epochs){
```

```
for(i in seq(0,(dim(input_data)[1]-batchsize),batchsize)){
batchX <- input_data[(i+1):(i+batchsize),]
output <- sess$run(list(update_w, update_vb, update_hb), feed_dict
= dict(X=batchX,
W = prv_w,
vb = prv_vb,
hb = prv_hb))
prv_w <- output[[1]]
prv_vb <- output[[2]]
prv_hb <- output[[3]]
if(i%%10000 == 0){
errors[[u]] <- sess$run(err, feed_dict=dict(X= batchX, W= prv_w,
vb= prv_vb, hb= prv_hb))
weights[[u]] <- output[[1]]
u=u+1
cat(i , " : ")
}
}
cat("epoch :", ep, " : reconstruction error : ",
errors[length(errors)][[1]],"\n")
}
w <- prv_w
vb <- prv_vb
hb <- prv_hb
# 获得输出
input_X = tf$constant(input_data)
ph_w = tf$constant(w)
ph_hb = tf$constant(hb)
out = tf$nn$sigmoid(tf$matmul(input_X, ph_w) + ph_hb)
sess$run(tf$global_variables_initializer())
return(list(output_data = sess$run(out),
error_list=errors,
weight_list=weights,
weight_final=w,
bias_final=hb))
}
```

3．按照顺序为所有 3 种不同类型的隐藏节点训练 RBM。换言之，首先训练具有 900 个隐藏节点的 RBM1，然后将 RBM1 的输出用作具有 500 个隐藏节点的 RBM2 的输入，并训练 RBM2，然后使用 RBM2 的输出作为具有 300 个隐藏节点的 RBM3 的输入，并训练 RBM3。将所有 3 个 RBM 的输出存储为列表 RBM_output。

```
inpX = trainX
RBM_output <- list()
for(i in 1:length(RBM_hidden_sizes)){
size <- RBM_hidden_sizes[i]
# 训练 RBM
RBM_output[[i]] <- RBM(input_data= inpX,
num_input= ncol(trainX),
num_output=size,
epochs = 5,
alpha = 0.1,
batchsize=100)
# 更新输入数据
inpX <- RBM_output[[i]]$output_data
# 更新 input_size
num_input = size
cat("completed size :", size,"\n")
}
```

4．创建 3 个隐藏层中的批量误差的数据框：

```
error_df <-
data.frame("error"=c(unlist(RBM_output[[1]]$error_list),unlist(RBM_
output[[2]]$error_list),unlist(RBM_output[[3]]$error_list)),
"batches"=c(rep(seq(1:length(unlist(RBM_output[[1]]$error_list))),t
imes=3)),
"hidden_layer"=c(rep(c(1,2,3),each=length(unlist(RBM_output[[1]]$er
ror_list)))),
stringsAsFactors = FALSE)
```

5．绘制重构均方误差：

```
plot(error ~ batches,
xlab = "# of batches",
ylab = "Reconstruction Error",
pch = c(1, 7, 16)[hidden_layer],
main = "Stacked RBM-Reconstruction MSE plot",
data = error_df)
legend('topright',
c("H1_900","H2_500","H3_300"),
pch = c(1, 7, 16))
```

5.10.3　工作原理

评估训练 3 个栈式的 RBM 的性能：此处，我们将为每个 RBM 运行 5 个轮数（或迭代次数）。每一轮将执行分批（大小 = 100）的优化。每批中，计算 CD

并相应地更新权重和偏差。

为了追踪优化，在每批 10,000 行之后计算 MSE。图 5-17 显示分别为 3 个 RBM 计算的 30 批次均方重构误差的下降趋势。

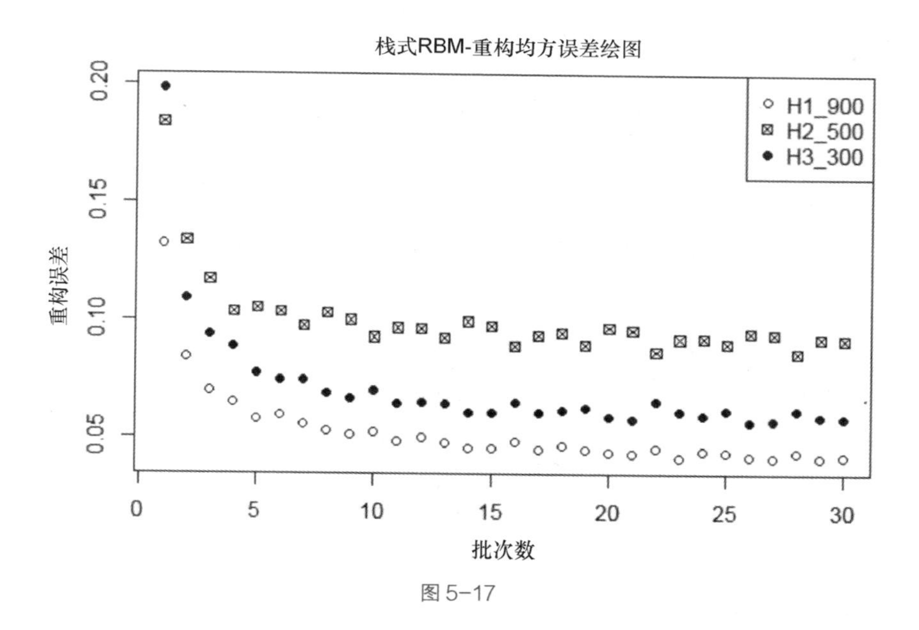

图 5-17

5.11　实现前馈反向传播神经网络

在本节中，我们将实现反向传播的神经网络。神经网络的输入是第 3 个（或最后一个）RBM 的结果。换言之，重构的原始数据（trainX）实际上用于训练神经网络作为数字（10）的监督分类器。反向传播技术用于进一步微调分类性能。

5.11.1　做好准备

本小节提供 TensorFlow 的要求。

- 加载并配置数据集。
- 配置并加载 TensorFlow 包。

5.11.2　怎么做

本小节介绍设置前馈反向传播神经网络的步骤。

1．我们将神经网络的输入参数（见表 5-2）定义为函数参数。

表 5-2　神经网络的输入参数

参数名	参数描述
Xdata	训练输入 MNIST 数据的矩阵
Ydata	训练输出 MNIST 数据的矩阵
Xtestdata	测试输入 MNIST 数据的矩阵
Ytestdata	测试输出 MNIST 数据的矩阵
input_size	训练数据中属性（或像素）的数量
learning_rate	更新权重矩阵的学习率
momentum	增加步长以跳出局部最小值
epochs	迭代次数
batchsize	每批运行的观察次数
rbm_list	栈式 RBM 的输出列表
dbn_sizes	栈式 RBM 中隐藏层尺寸向量

神经网络函数将具有如下脚本所示的结构：

```
NN_train <- function(Xdata,Ydata,Xtestdata,Ytestdata,input_size,
learning_rate=0.1,momentum = 0.1,epochs=10,
batchsize=100,rbm_list,dbn_sizes){
library(stringi)
## 插入后续步骤提到的所有代码
}
```

2．初始化一个长度为 4 的权重和偏差列表。其中，第一个是随机正态分布的张量（标准差为 0.01），尺寸为 784×900；第二个是 900×500，第三个是 500×300，第四个是 300×10：

```
weight_list <- list()
bias_list <- list()
```

```
# 初始化变量
for(size in c(dbn_sizes,ncol(Ydata))){
# 通过随机均匀分布初始化权重
weight_list <-
c(weight_list,tf$random_normal(shape=shape(input_size, size),
stddev=0.01, dtype=tf$float32))
# 将偏差初始化为零
bias_list <- c(bias_list, tf$zeros(shape = shape(size),
dtype=tf$float32))
input_size = size
}
```

3．检查栈式 RBM 的结果是否符合 dbn_sizes 参数中提到的隐藏层的大小：

```
# 检查预期的 dbn_sizes 是否正确
if(length(dbn_sizes)!=length(rbm_list)){
stop("number of hidden dbn_sizes not equal to number of rbm outputs
generated")
# 检查预计大小是否正确
for(i in 1:length(dbn_sizes)){
if(dbn_sizes[i] != dbn_sizes[i])
stop("Number of hidden dbn_sizes do not match")
}
}
```

4．将权重和偏差置于 weight_list 和 bias_list 中的适当位置：

```
for(i in 1:length(dbn_sizes)){
weight_list[[i]] <- rbm_list[[i]]$weight_final
bias_list[[i]] <- rbm_list[[i]]$bias_final
}
```

5．为输入和输出数据创建占位符：

```
input <- tf$placeholder(tf$float32, shape =
shape(NULL,ncol(Xdata)))
output <- tf$placeholder(tf$float32, shape =
shape(NULL,ncol(Ydata)))
```

6．使用从栈式 RBM 获得的权重和偏差来重构输入数据，并将每个 RBM 的重构数据存储在列表 input_sub 中：

```
input_sub <- list()
weight <- list()
bias <- list()
for(i in 1:(length(dbn_sizes)+1)){
```

```
weight[[i]] <- tf$cast(tf$Variable(weight_list[[i]]),tf$float32)
bias[[i]] <- tf$cast(tf$Variable(bias_list[[i]]),tf$float32)
}
input_sub[[1]] <- tf$nn$sigmoid(tf$matmul(input, weight[[1]]) +
bias[[1]])
for(i in 2:(length(dbn_sizes)+1)){
input_sub[[i]] <- tf$nn$sigmoid(tf$matmul(input_sub[[i-1]],
weight[[i]]) + bias[[i]])
}
```

7. 定义成本函数，即预测与实际数字之间差异的均方误差：

```
cost = tf$reduce_mean(tf$square(input_sub[[length(input_sub)]] -
output))
```

8. 为了最大限度降低成本，实施反向传播：

```
train_op <- tf$train$MomentumOptimizer(learning_rate,
momentum)$minimize(cost)
```

9. 生成预测结果：

```
predict_op =
tf$argmax(input_sub[[length(input_sub)]],axis=tf$cast(1.0,tf$int32)
)
```

10. 执行迭代训练：

```
train_accuracy <- c()
test_accuracy <- c()
for(ep in 1:epochs){
for(i in seq(0,(dim(Xdata)[1]-batchsize),batchsize)){
batchX <- Xdata[(i+1):(i+batchsize),]
batchY <- Ydata[(i+1):(i+batchsize),]
# 对输入数据执行训练操作
sess$run(train_op,feed_dict=dict(input = batchX,
output = batchY))
}
for(j in 1:(length(dbn_sizes)+1)){
# 检索权重和偏差
weight_list[[j]] <- sess$run(weight[[j]])
bias_list[[j]] <- sess$ run(bias[[j]])
}
train_result <- sess$run(predict_op, feed_dict = dict(input=Xdata,
output=Ydata))+1
train_actual <-
as.numeric(stringi::stri_sub(colnames(as.data.frame(Ydata))[max.col
```

```
(as.data.frame(Ydata),ties.method="first")],2))
test_result <- sess$run(predict_op, feed_dict =
dict(input=Xtestdata, output=Ytestdata))+1
test_actual <-
as.numeric(stringi::stri_sub(colnames(as.data.frame(Ytestdata))[max
.col(as.data.frame(Ytestdata),ties.method="first")],2))
train_accuracy <-
c(train_accuracy,mean(train_actual==train_result))
test_accuracy <- c(test_accuracy,mean(test_actual==test_result))
cat("epoch:", ep, " Train Accuracy: ",train_accuracy[ep]," Test
Accuracy : ",test_accuracy[ep],"\n")
}
```

11．返回4个结果的列表，包含训练准确度（train_accuracy）、测试准确度（test_accuracy）、每次迭代中生成的权重矩阵列表（weight_list）和每次迭代中生成的偏差向量列表（bias_list）：

```
return(list(train_accuracy=train_accuracy,
test_accuracy=test_accuracy,
weight_list=weight_list,
bias_list=bias_list))
```

12．为定义的神经网络执行迭代以进行训练：

```
NN_results <- NN_train(Xdata=trainX,
Ydata=trainY,
Xtestdata=testX,
Ytestdata=testY,
input_size=ncol(trainX),
rbm_list=RBM_output,
dbn_sizes = RBM_hidden_sizes)
```

13．以下代码用于绘制训练和测试准确度：

```
accuracy_df <-
data.frame("accuracy"=c(NN_results$train_accuracy,NN_results$test_a
ccuracy),
"epochs"=c(rep(1:10,times=2)),
"datatype"=c(rep(c(1,2),each=10)),
stringsAsFactors = FALSE)
plot(accuracy ~ epochs,
xlab = "# of epochs",
ylab = "Accuracy in %",
pch = c(16, 1)[datatype],
main = "Neural Network - Accuracy in %",
```

```
data = accuracy_df)
legend('bottomright',
c("train","test"),
pch = c( 16, 1))
```

5.11.3　工作原理

评估神经网络的训练和测试性能。图 5-18 显示训练神经网络时观察到的训练和测试准确度的增长趋势。

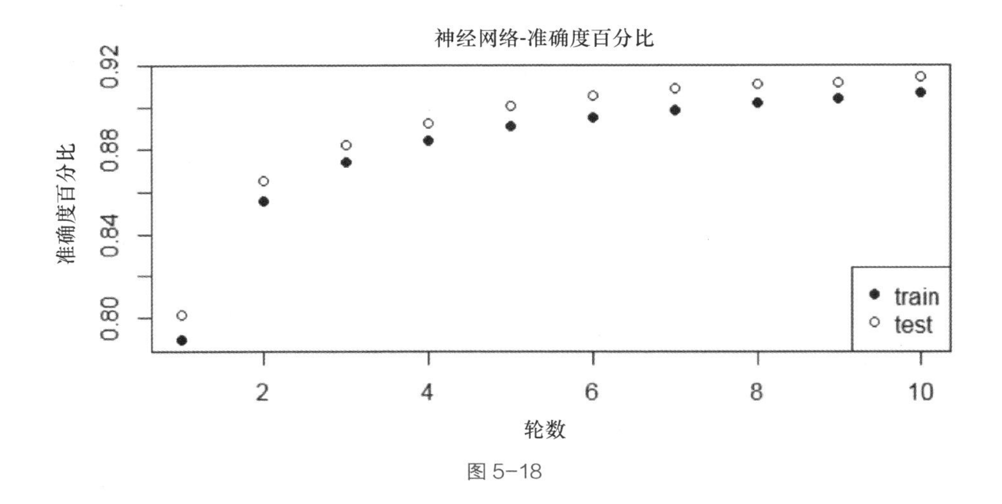

图 5-18

5.12　建立一个深度受限玻尔兹曼机

与深度信念网络不同，深度受限玻尔兹曼机（Deep Restricted Boltzmann Machine，DRBM）是互连隐藏层的无向网络，能够学习这些连接的联合概率。在当前的设置中，执行居中操作，在每次迭代后从偏移偏差（offset bias）向量中减去可见和隐藏变量。研究表明，中心化优化了 DRBM 的性能，并且与传统的 RBM 相比，可以达到更高的对数似然值。

5.12.1　做好准备

本小节提供构建 DRBM 的要求：

- 加载并配置 MNIST 数据集；
- 配置并加载 TensorFlow 包。

5.12.2 怎么做

本小节将详细介绍在 R 中使用 TensorFlow 设置 DRBM 模型的步骤。

1．定义 DRBM 的参数：

```
learning_rate = 0.005
momentum = 0.005
minbatch_size = 25
hidden_layers = c(400,100)
biases = list(-1,-1)
```

2．使用双曲线反正切函数 [(log(1+x)−log(1−x))/2] 定义 Sigmoid 函数：

```
arcsigm <- function(x){
return(atanh((2*x)-1)*2)
}
```

3．仅使用双曲正切函数 [(e^x-e^{-x})/(e^x+e^{-x})] 定义 Sigmoid 函数：

```
sigm <- function(x){
return(tanh((x/2)+1)/2)
}
```

4．定义二进制化（binarize）函数以返回二进制值（0, 1）的矩阵：

```
binarize <- function(x){
# 截短的 rnorm
trnrom <- function(n, mean, sd, minval = -Inf, maxval = Inf){
qnorm(runif(n, pnorm(minval, mean, sd), pnorm(maxval, mean, sd)),
mean, sd)
}
return((x > matrix(
trnrom(n=nrow(x)*ncol(x),mean=0,sd=1,minval=0,maxval=1), nrow(x),
ncol(x)))*1)
}
```

5．定义一个 re_construct 函数来返回像素矩阵：

```
re_construct <- function(x){
x = x - min(x) + 1e-9
x = x / (max(x) + 1e-9)
```

```
return(x*255)
}
```

6. 定义一个函数来为给定层执行 gibbs 激活：

```
gibbs <- function(X,l,initials){
if(l>1){
bu <- (X[l-1][[1]] -
matrix(rep(initials$param_O[[l-1]],minbatch_size),minbatch_size,byr
ow=TRUE)) %*%
initials$param_W[l-1][[1]]
} else {
bu <- 0
}
if((l+1) < length(X)){
td <- (X[l+1][[1]] -
matrix(rep(initials$param_O[[l+1]],minbatch_size),minbatch_size,byr
ow=TRUE))%*%
t(initials$param_W[l][[1]])
} else {
td <- 0
}
X[[l]] <-
binarize(sigm(bu+td+matrix(rep(initials$param_B[[l]],minbatch_size)
,minbatch_size,byrow=TRUE)))
return(X[[l]])
}
```

7. 定义一个函数来执行偏差向量的重新参数化：

```
reparamBias <- function(X,l,initials){
if(l>1){
bu <- colMeans((X[[l-1]] -
matrix(rep(initials$param_O[[l-1]],minbatch_size),minbatch_size,byr
ow=TRUE))%*%
initials$param_W[[l-1]])
} else {
bu <- 0
}
if((l+1) < length(X)){
td <- colMeans((X[[l+1]] -
matrix(rep(initials$param_O[[l+1]],minbatch_size),minbatch_size,byr
ow=TRUE))%*%
t(initials$param_W[[l]]))
} else {
td <- 0
```

```
}
initials$param_B[[l]] <- (1-momentum)*initials$param_B[[l]] +
momentum*(initials$param_B[[l]] + bu + td)
return(initials$param_B[[l]])
}
```

8. 定义一个函数来执行偏移偏差向量的重新参数化：

```
reparamO <- function(X,l,initials){
initials$param_O[[l]] <- colMeans((1-
momentum)*matrix(rep(initials$param_O[[l]],minbatch_size),minbatch_
size,byrow=TRUE) + momentum*(X[[l]]))
return(initials$param_O[[l]])
}
```

9. 定义一个函数来初始化权重、偏差、偏移偏差和输入矩阵：

```
DRBM_initialize <- function(layers,bias_list){
# 初始化模型参数和粒子
param_W <- list()
for(i in 1:(length(layers)-1)){
param_W[[i]] <- matrix(0L, nrow=layers[i], ncol=layers[i+1])
}
param_B <- list()
for(i in 1:length(layers)){
param_B[[i]] <- matrix(0L, nrow=layers[i], ncol=1) + bias_list[[i]]
}
param_O <- list()
for(i in 1:length(param_B)){
param_O[[i]] <- sigm(param_B[[i]])
}
param_X <- list()
for(i in 1:length(layers)){
param_X[[i]] <- matrix(0L, nrow=minbatch_size, ncol=layers[i]) +
matrix(rep(param_O[[i]],minbatch_size),minbatch_size,byrow=TRUE)
}
return(list(param_W=param_W,param_B=param_B,param_O=param_O,param_X
=param_X))
}
```

10. 使用先前章节中引入的 MNIST 训练数据（trainX）。将 trainX 数据除以 255 以标准化：

```
X <- trainX/255
```

11. 生成初始权重矩阵、偏差向量、偏移偏差向量和输入矩阵：

```
layers <- c(784,hidden_layers)
bias_list <-
list(arcsigm(pmax(colMeans(X),0.001)),biases[[1]],biases[[2]])
initials <-DRBM_initialize(layers,bias_list)
```

12. 取输入数据 X 的样本（minbatch_size）子集：

```
batchX <- X[sample(nrow(X))[1:minbatch_size],]
```

13. 执行一组 1,000 次迭代。在每次迭代中，更新初始权重和偏差 100 次并绘制权重矩阵的图像：

```
for(iter in 1:1000){

# 执行一些学习
for(j in 1:100){
# 初始化数据粒子
dat <- list()
dat[[1]] <- binarize(batchX)
for(l in 2:length(initials$param_X)){
dat[[l]] <- initials$param_X[l][[1]]*0 +
matrix(rep(initials$param_O[l][[1]],minbatch_size),minbatch_size,by
row=TRUE)
}

# 数据和自由粒子上的替代 gibbs 采样器
for(l in rep(c(seq(2,length(initials$param_X),2),
seq(3,length(initials$param_X),2)),5)){
dat[[l]] <- gibbs(dat,l,initials)
}
for(l in rep(c(seq(2,length(initials$param_X),2),
seq(1,length(initials$param_X),2)),1)){
initials$param_X[[l]] <- gibbs(initials$param_X,l,initials)
}

# 参数更新
for(i in 1:length(initials$param_W)){
initials$param_W[[i]] <- initials$param_W[[i]] +
(learning_rate*((t(dat[[i]] -
matrix(rep(initials$param_O[i][[1]],minbatch_size),minbatch_size,by
row=TRUE)) %*%
(dat[[i+1]] -
matrix(rep(initials$param_O[i+1][[1]],minbatch_size),minbatch_size,
byrow=TRUE))) -
(t(initials$param_X[[i]] -
matrix(rep(initials$param_O[i][[1]],minbatch_size),minbatch_size,by
row=TRUE)) %*%
```

```
(initials$param_X[[i+1]] -
matrix(rep(initials$param_O[i+1][[1]],minbatch_size),minbatch_size,
byrow=TRUE))))/nrow(batchX))
}

for(i in 1:length(initials$param_B)){
initials$param_B[[i]] <-
colMeans(matrix(rep(initials$param_B[[i]],minbatch_size),minbatch_s
ize,byrow=TRUE) + (learning_rate*(dat[[i]] -
initials$param_X[[i]])))
}

# 再参数化
for(l in 1:length(initials$param_B)){
initials$param_B[[l]] <- reparamBias(dat,l,initials)
}
for(l in 1:length(initials$param_O)){
initials$param_O[[l]] <- reparamO(dat,l,initials)
}
}

# 生成必要的输出
cat("Iteration:",iter," ","Mean of W of VLHL1:",
mean(initials$param_W[[1]])," ","Mean of W of HL1-
HL2:",mean(initials$param_W[[2]]) ,"\n")
cat("Iteration:",iter," ","SDev of W of VLHL1:",
sd(initials$param_W[[1]])," ","SDev of W of HL1-
HL2:",sd(initials$param_W[[2]]) ,"\n")

# 绘制权重矩阵
W=diag(nrow(initials$param_W[[1]]))
for(l in 1:length(initials$param_W)){
W = W %*% initials$param_W[[l]]
m = dim(W)[2] * 0.05
w1_arr <- matrix(0,28*m,28*m)
i=1
for(k in 1:m){
for(j in 1:28){
vec <- c(W[(28*j-28+1):(28*j),(k*m-m+1):(k*m)])
w1_arr[i,] <- vec
i=i+1
}
}
w1_arr = re_construct(w1_arr)
w1_arr <- floor(w1_arr)
image(w1_arr,axes = TRUE, col = grey(seq(0, 1, length = 256)))
}
}
```

5.12.3 工作原理

由于前面的DRBM使用两个隐藏层进行训练，因此我们生成两个权重矩阵。第一个权重矩阵定义可见层和第一个隐藏层之间的连接。 第二个权重矩阵定义第一个和第二个隐藏层之间的连接。图 5-19 显示第一个权重矩阵的像素图像。图 5-20 显示第二个权重矩阵的第二个像素图像。

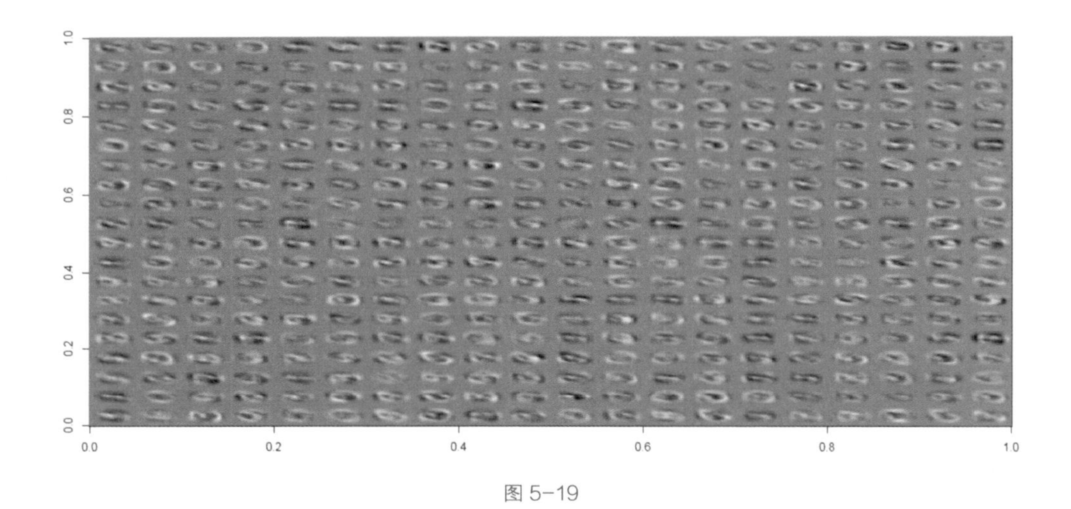

图 5-19

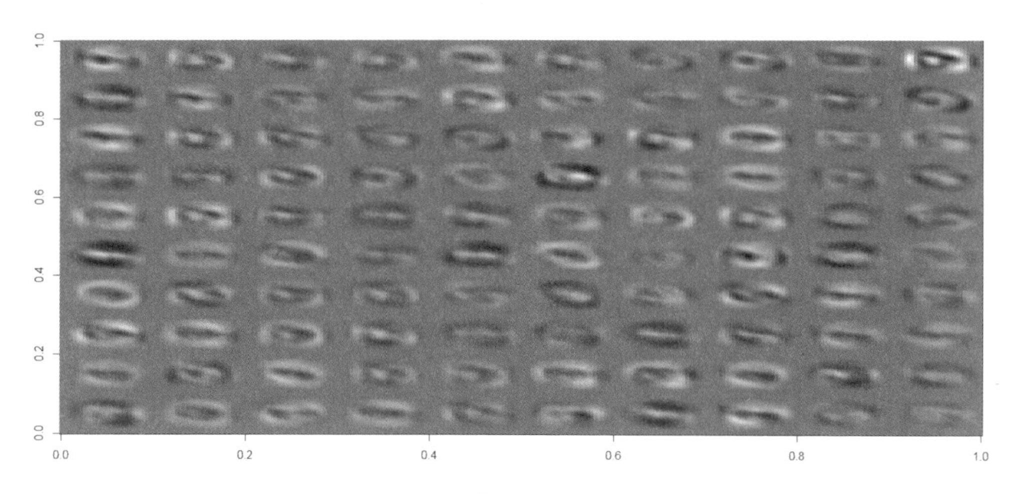

图 5-20

第 6 章 循环神经网络

本章将介绍用于序列数据集建模的循环神经网络（Recurrent Neural Network，RNN）。本章我们将介绍：

- 建立一个基本的循环神经网络；
- 建立双向 RNN 模型；
- 建立一个深度 RNN 模型；
- 建立一个基于长短期记忆的序列模型。

6.1 建立一个基本的循环神经网络

循环神经网络用于数据集的序列建模，这些数据集的观测值之间存在高度的自相关。例如，使用历史数据集预测患者行程或预测给定句子中的下一个单词。这些问题之间的主要共性是输入长度不是常量，并且存在顺序依赖性。标准的神经网络和深度学习模型受到固定大小输入的约束，并产生固定长度的输出。例如，建立在占用数据集上的深度学习神经网络有 6 个输入特征和一个二项式结果。

6.1.1 做好准备

机器学习领域中的生成模型（Generative Model）被称为具有生成可观察数据值能力的模型。例如，在图像存储库上训练生成模型以生成类似的新图像。所有生成模型都旨在隐式或显式计算给定数据集上的联合分布。

1. 安装并配置 TensorFlow。

2. 加载所需的软件包：

```
library(tensorflow)
```

6.1.2　怎么做

本节将提供建立 RNN 模型的步骤。

1．加载 MNIST 数据集：

```
# 从 TensorFlow 库加载 MNIST 数据集
datasets <- tf$contrib$learn$datasets
mnist <- datasets$mnist$read_data_sets("MNIST-data", one_hot =
TRUE)
```

2．重置图形并开启交互式会话：

```
# 重置图形并配置一个交互式会话
tf$reset_default_graph()
sess<-tf$InteractiveSession()
```

3．使用第 4 章“使用自动编码器的数据表示”中的 reduceImage 函数将图像大小缩小为 16×16 像素：

```
# 将训练数据转换为 16×16 像素的图像
trainData<-t(apply(mnist$train$images, 1, FUN=reduceImage))
validData<-t(apply(mnist$test$images, 1, FUN=reduceImage))
```

4．提取已定义的训练和验证数据集的标签：

```
labels <- mnist$train$labels
labels_valid <- mnist$test$labels
```

5．定义模型参数，例如输入像素的大小（n_input）、步长（step_size）、隐藏层数（n.hidden）和结果类的数量（n.class）：

```
# 定义模型参数
n_input<-16
step_size<-16
n.hidden<-64
n.class<-10
```

6．定义训练参数，例如学习速率（lr）、每批运行的输入数量（batch）和迭代次数（iteration）：

```
lr<-0.01
batch<-500
iteration = 100
```

7．定义一个函数 rnn，接受批量输入数据集（x）、权重矩阵（weight）和偏差向量（bias），并返回最基本的 RNN 的最终结果预测向量：

```
# 构建一个最基本的 RNN
rnn<-function(x, weight, bias){
  # 将输入出栈到 step_size
  x = tf$unstack(x, step_size, 1)
  # 定义一个最基本的 RNN
  rnn_cell = tf$contrib$rnn$BasicRNNCell(n.hidden)
  # 创建一个循环神经网络
  cell_output = tf$contrib$rnn$static_rnn(rnn_cell, x,
dtype=tf$float32)
  # 使用 RNN 内部循环，线性激活
  last_vec=tail(cell_output[[1]], n=1)[[1]]
  return(tf$matmul(last_vec, weights) + bias)
}
Define a function eval_func to evaluate mean accuracy using actual
(y) and predicted labels (yhat):
# 评估平均准确度的函数
eval_acc<-function(yhat, y){
  # 统计正确的答案
  correct_Count = tf$equal(tf$argmax(yhat,1L), tf$argmax(y,1L))
  # 平均准确度
  mean_accuracy = tf$reduce_mean(tf$cast(correct_Count,
tf$float32))
  return(mean_accuracy)
}
```

8．定义占位符变量（x 和 y）并初始化权重矩阵和偏差向量：

```
with(tf$name_scope('input'), {
# 为输入数据定义占位符
x = tf$placeholder(tf$float32, shape=shape(NULL, step_size,
n_input), name='x')
y <- tf$placeholder(tf$float32, shape(NULL, n.class), name='y')

# 定义权重和偏差
weights <- tf$Variable(tf$random_normal(shape(n.hidden, n.class)))
bias <- tf$Variable(tf$random_normal(shape(n.class)))
})
```

9．生成预测标签：

```
# 评估 RNN 单元输出
yhat = rnn(x, weights, bias)
# 定义损失函数和优化器
cost =
```

```
tf$reduce_mean(tf$nn$softmax_cross_entropy_with_logits(logits=yhat,
labels=y))
optimizer = tf$train$AdamOptimizer(learning_rate=lr)$minimize(cost)
```

10．使用全局变量初始值设定项初始化会话之后，运行优化：

```
sess$run(tf$global_variables_initializer())
for(i in 1:iteration){
  spls <- sample(1:dim(trainData)[1],batch)
  sample_data<-trainData[spls,]
  sample_y<-labels[spls,]
  # 使用 16 个元素中的每一个元素将样本重塑为 16 个序列
  sample_data=tf$reshape(sample_data, shape(batch, step_size,
n_input))
  out<-optimizer$run(feed_dict = dict(x=sample_data$eval(),
y=sample_y))
  if (i %% 1 == 0){
    cat("iteration - ", i, "Training Loss - ", cost$eval(feed_dict
= dict(x=sample_data$eval(), y=sample_y)), "\n")
  }
}
```

11．获取 valid_data 的平均准确度：

```
valid_data=tf$reshape(validData, shape(-1, step_size, n_input))
cost$eval(feed_dict=dict(x=valid_data$eval(), y=labels_valid))
```

6.1.3　工作原理

对结构的任何改变都需要再训练模型。但是，这些假设可能对许多连续数据集无效，例如可能具有不同输入和输出的基于文本的分类。RNN 的架构有助于解决输入长度可变的问题。

具有输入和输出的 RNN 的标准架构如图 6-1 所示。

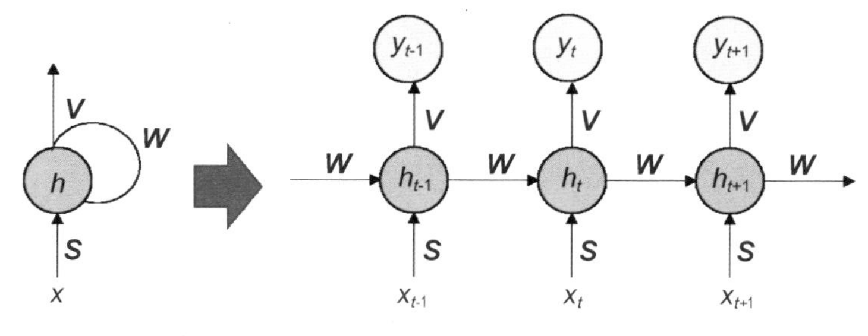

(a) 循环神经网络　　(b) 展开的循环神经网络

图 6-1

RNN 架构可以用如下公式表示：

$$h_t = f(h_{t-1}, x_t; \boldsymbol{S}, \boldsymbol{W})$$

h_t 是在时间 / 索引 t 处的状态，并且 x_t 是在时间 / 索引 t 处的输入。矩阵 $\boldsymbol{W}$ 表示连接隐藏节点的权重，$\boldsymbol{S}$ 将输入和隐藏层连接。时间 / 索引 t 处的输出节点 y_t 与状态 h_t 有关，如下所示：

$$y_t = f(h_t; \boldsymbol{V})$$

注意在公式中，权重在状态和时间上保持不变。

6.2 建立一个双向 RNN 模型

循环神经网络只使用历史状态来捕获时间 t 处的序列信息。然而，双向 RNN 使用两个 RNN 层从两个方向训练模型，其中一个从序列的开始到结束正向移动，另一个 RNN 层从序列的末端到开始反向移动。

因此，该模型依赖于历史和未来的数据。双向 RNN 模型在文本和语音等因果结构存在的情况下很实用。双向 RNN 的展开结构如图 6-2 所示。

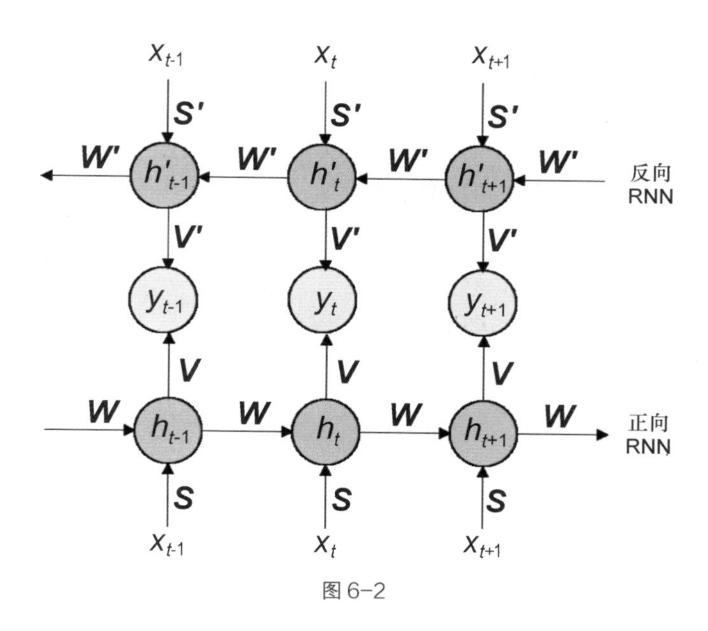

图 6-2

6.2.1 做好准备

安装并配置 TensorFlow。

1. 加载所需的软件包：

```
library(tensorflow)
```

2. 加载 MNIST 数据集。

3. 将来自 MNIST 数据集的图像缩小为 16×16 像素并进行归一化处理。

6.2.2 怎么做

本节介绍建立双向 RNN 模型的步骤。

1. 重置图形并开启交互式会话：

```
# 重置图形并配置一个交互式会话
tf$reset_default_graph()
sess<-tf$InteractiveSession()
```

2. 使用第 4 章“使用自动编码器的数据表示”中的 reduceImage 函数将图像大小缩小为 16×16 像素：

```
# 将训练数据转化为 16×16 像素图像
trainData<-t(apply(mnist$train$images, 1, FUN=reduceImage))
validData<-t(apply(mnist$test$images, 1, FUN=reduceImage))
```

3. 提取已定义的训练和验证数据集的标签：

```
labels <- mnist$train$labels
labels_valid <- mnist$test$labels
```

4. 定义模型参数，例如输入像素的大小（n_input）、步长（step_size）、隐藏层数（n.hidden）和结果类的数量（n.class）：

```
# 定义模型参数
n_input<-16
step_size<-16
n.hidden<-64
n.class<-10
```

5．定义训练参数，例如学习速率（lr）、每批运行的输入数量（batch）和迭代次数（iteration）：

```
lr<-0.01
batch<-500
iteration = 100
```

6．定义执行双向循环神经网络的函数：

```
bidirectionRNN<-function(x, weights, bias){
  # 将输入出栈到 step_size
  x = tf$unstack(x, step_size, 1)
  # 正向 lstm 单元
  rnn_cell_forward = tf$contrib$rnn$BasicRNNCell(n.hidden)
  # 反向 lstm 单元
  rnn_cell_backward = tf$contrib$rnn$BasicRNNCell(n.hidden)
  # 获取 lstm 单元输出
  cell_output =
tf$contrib$rnn$static_bidirectional_rnn(rnn_cell_forward,
rnn_cell_backward, x, dtype=tf$float32)
  # 使用 RNN 内部循环最后的输出，线性激活
  last_vec=tail(cell_output[[1]], n=1)[[1]]
  return(tf$matmul(last_vec, weights) + bias)
}
```

7．使用实际值（y）和预测标签（yhat），定义 eval_func 函数以评估平均准确度：

```
# 评估平均准确度的函数
eval_acc<-function(yhat, y){
  # 统计正确的解决方案
  correct_Count = tf$equal(tf$argmax(yhat,1L), tf$argmax(y,1L))
  # 平均准确度
  mean_accuracy = tf$reduce_mean(tf$cast(correct_Count,
tf$float32))
  return(mean_accuracy)
}
```

8．定义占位符变量（x 和 y）并初始化权重矩阵和偏差向量：

```
with(tf$name_scope('input'), {
# 为输入数据定义占位符
x = tf$placeholder(tf$float32, shape=shape(NULL, step_size,
```

```
n_input), name='x')
y <- tf$placeholder(tf$float32, shape(NULL, n.class), name='y')

# 定义权重和偏差
weights <- tf$Variable(tf$random_normal(shape(n.hidden, n.class)))
bias <- tf$Variable(tf$random_normal(shape(n.class)))
})
```

9. 生成预测标签：

```
# 评估 RNN 单元输出
yhat = bidirectionRNN(x, weights, bias)
```

10. 定义损失函数和优化器：

```
cost =
tf$reduce_mean(tf$nn$softmax_cross_entropy_with_logits(logits=yhat,
labels=y))
optimizer = tf$train$AdamOptimizer(learning_rate=lr)$minimize(cost)
```

11. 使用全局变量初始值设定项初始化会话后，运行优化：

```
sess$run(tf$global_variables_initializer())
# 运行优化
for(i in 1:iteration){
  spls <- sample(1:dim(trainData)[1],batch)
  sample_data<-trainData[spls,]
  sample_y<-labels[spls,]
  # 使用 16 个元素中的每一个元素将样本重塑为 16 个序列
  sample_data=tf$reshape(sample_data, shape(batch, step_size,
n_input))
  out<-optimizer$run(feed_dict = dict(x=sample_data$eval(),
y=sample_y))
  if (i %% 1 == 0){
    cat("iteration - ", i, "Training Loss - ", cost$eval(feed_dict
= dict(x=sample_data$eval(), y=sample_y)), "\n")
  }
}
```

12. 获取验证数据的平均准确度：

```
valid_data=tf$reshape(validData, shape(-1, step_size, n_input))
cost$eval(feed_dict=dict(x=valid_data$eval(), y=labels_valid))
```

13. RNN 成本函数的收敛曲线，如图 6-3 所示。

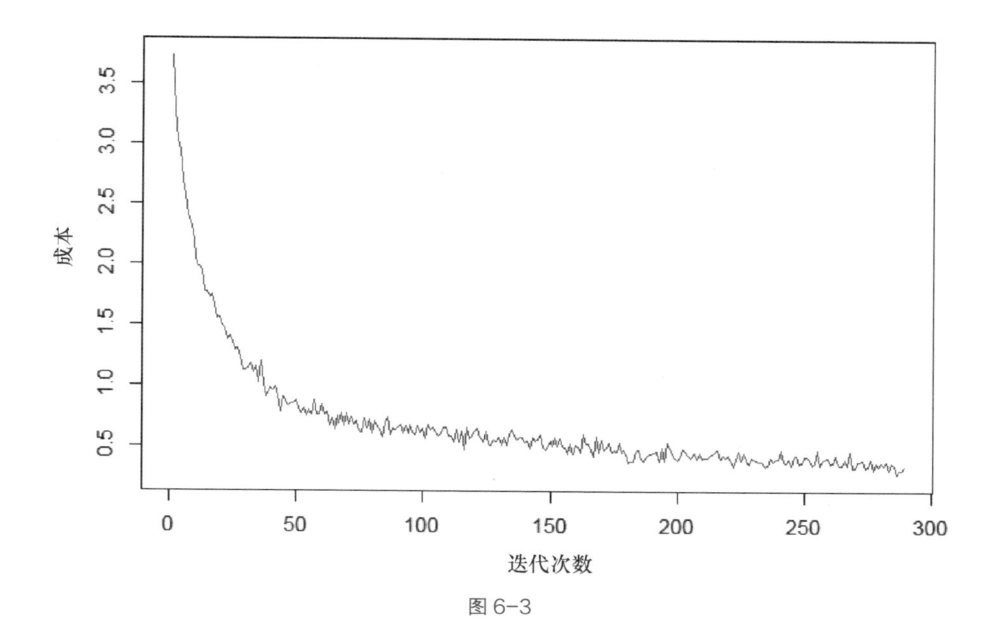

图 6-3

6.3 建立一个深度 RNN 模型

RNN 架构由输入层、隐藏层和输出层组成。通过将隐藏层分解成多个组或者在 RNN 架构内添加计算节点（如包括用于微学习的多层感知器的模型计算），可以建立一个深度 RNN 模型。可以在“输入 - 隐藏”、“隐藏 - 隐藏”和“隐藏 - 输出”连接之间添加计算节点。图 6-4 显示了一个多层深度 RNN 模型的示例。

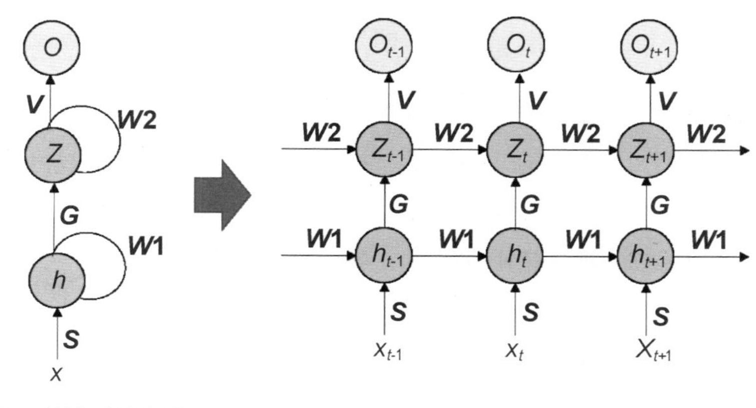

图 6-4

怎么做

通过使用 MultiRNNCell，TensorFlow 中的 RNN 模型可以轻松扩展到深度 RNN 模型。以前的 rnn 函数可以替换为 stacked_rnn 函数来实现深度 RNN 架构。

1. 定义深度 RNN 架构中的层数：

```
num_layers <- 3
```

2. 定义一个 stacked_rnn 函数来执行多隐藏层深度 RNN：

```
stacked_rnn<-function(x, weight, bias){
  # 将输入出栈到 step_size
  x = tf$unstack(x, step_size, 1)
  # 定义一个最基本的 RNN
  network = tf$contrib$rnn$GRUCell(n.hidden)
  # 然后，分配栈式的 RNN 单元
  network = tf$contrib$rnn$MultiRNNCell(lapply(1:num_layers,function
(k,network)
{network},network))
  # 创建一个循环神经网络
  cell_output = tf$contrib$rnn$static_rnn(network, x,
dtype=tf$float32)
  # 使用 RNN 内部循环，线性激活
  last_vec=tail(cell_output[[1]], n=1)[[1]]
  return(tf$matmul(last_vec, weights) + bias)
}
```

6.4 建立一个基于长短期记忆的序列模型

序列学习的目标是捕捉短期和长期记忆。标准 RNN 可以很好地捕获短期记忆，然而随着时间的推移，梯度在 RNN 链中消失（极少爆发），使得标准 RNN 在捕获长期依赖性方面效果不佳。

当权重值较小时，多次乘法运算会使梯度逐渐消失；相反，权重值较大时，梯度会随着时间的推移而不断增加，并导致学习过程的发散。为了解决这个问题，提出了长短期记忆（Long Short Term Memory，LSTM）。

6.4.1 怎么做

通过使用 BasicLSTMCell，TensorFlow 中的 RNN 模型可以轻松扩展到 LSTM 模型。先前的 RNN 函数可以用 lstm 函数替代以实现 LSTM 架构。

```
# LSTM 的实现
lstm<-function(x, weight, bias){
  # 将输入出栈到 step_size
  x = tf$unstack(x, step_size, 1)
  # 定义 lstm 单元
  lstm_cell = tf$contrib$rnn$BasicLSTMCell(n.hidden, forget_bias=1.0,
state_is_tuple=TRUE)
  # 获取 lstm 单元输出
  cell_output = tf$contrib$rnn$static_rnn(lstm_cell, x, dtype=tf$float32)
  # 使用 RNN 内部循环最后的输出，线性激活
  last_vec=tail(cell_output[[1]], n=1)[[1]]
  return(tf$matmul(last_vec, weights) + bias)
}
```

为了简洁，这里没有复制代码的其他部分。

6.4.2 工作原理

LSTM 与 RNN 具有相似的结构，然而它们的基本单元非常不同：传统 RNN 使用单个多层感知器（Multi-Layer Perceptron，MLP），而 LSTM 的单个单元包括 3 个相互作用的输入层。LSTM 的这 3 层是：

- 遗忘门（forget gate）；
- 输入门（input gate）；
- 输出门（output gate）。

LSTM 中的遗忘门（见图 6-5）决定丢弃哪些信息，它取决于最后一个隐藏状态输出 h_{t-1}。

在图 6-5 中，C_t 表示 t 时刻的单元状态，输入数据由 X_t 表示，隐藏状态表示为 h_{t-1}。前一层可以被表述为：

$$f_t = \sigma(\boldsymbol{S}_f x_t + \boldsymbol{W}_f h_{t-1} + \boldsymbol{b}_f)$$

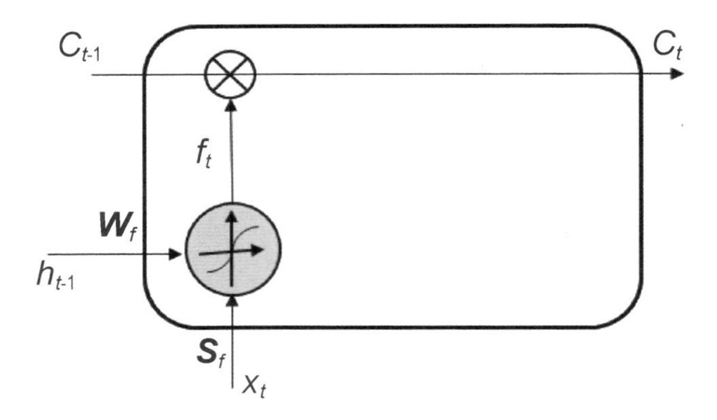

图 6-5

输入门决定更新值，并决定记忆单元的候选值，并更新单元状态，如图 6-6 所示。

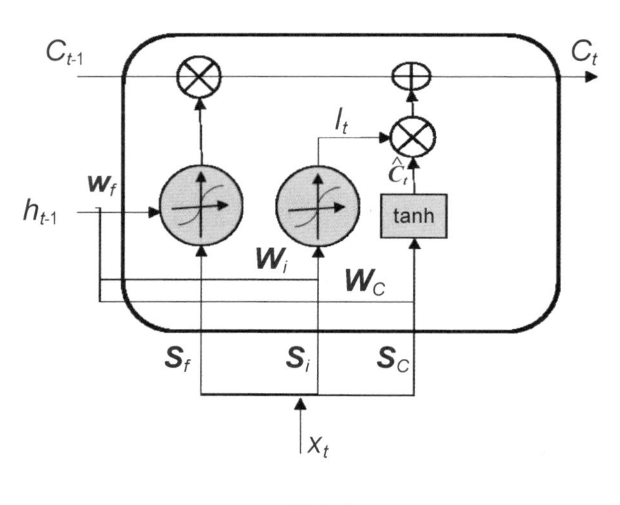

图 6-6

- 在 t 时刻输入 I_t 被更新为：

$$I_t = \sigma(\boldsymbol{S}_i X_t + \boldsymbol{W}_i h_{t-1} + \boldsymbol{b}_i)$$

$$\widehat{C}_t = \tanh(\boldsymbol{S}_C X_t + \boldsymbol{W}_C h_{t-1} + \boldsymbol{b}_C)$$

- 当前状态的期望值 $\widehat{C}_t$ 和来自输入门的输出 I_t 用于在 t 时刻更新当前状态

C_t，如下所示：

$$C_t = I_t * \widehat{C}_t + f_t * C_{t-1}$$

输出门（见图 6-7）根据输入 X_t、前一层输出 h_{t-1} 和当前状态 C_t 计算 LSTM 单元的输出。

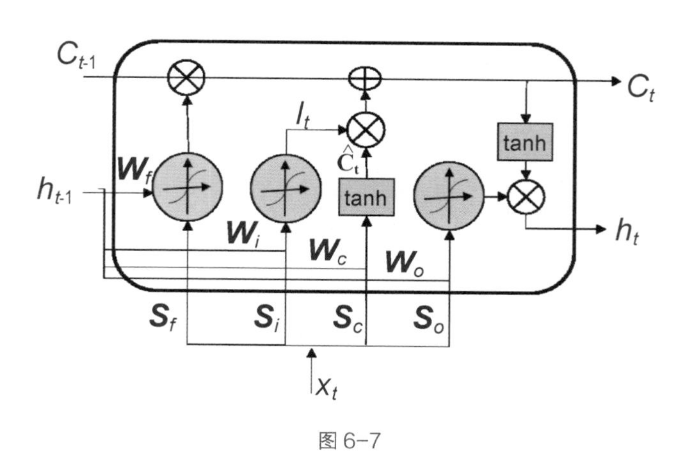

图 6-7

基于输出门的输出可以计算如下：

$$O_t = \sigma(\boldsymbol{S}_o X_t + \boldsymbol{W}_o h_{t-1} + \boldsymbol{b}_o)$$

$$h_t = O_t * \tanh(C_t)$$

第 7 章 强化学习

本章将介绍强化学习。我们将介绍以下主题：

- 建立马尔可夫决策过程；
- 执行基于模型的学习；
- 执行无模型的学习。

7.1 介绍

强化学习（Reinforcement Learning，RL）是一个受心理学启发的机器学习领域，如代理（软件程序）如何采取行动以最大化累积奖励。

强化学习是基于奖励的学习，奖励在学习结束或在学习期间分配。例如，在国际象棋中，奖励将分配给赢或输的一方，而在网球等比赛中，每赢一分都是奖励。强化学习的一些商业例子：来自 Google 的 DeepMind 使用了强化学习来掌握跑酷（Parkour）；同样，特斯拉正在使用强化学习开发 AI 驱动的技术。图 7-1 显示了强化学习架构的一个示例。

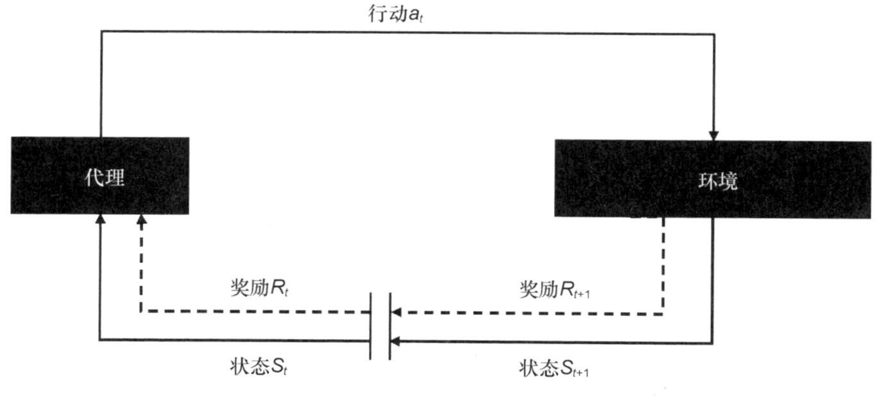

图 7-1

强化学习的基本符号如下。

- T(s,a,s')：表示在状态 s 下采取行动 a 时到达状态 s' 的转移模型。
- P：代表一项策略，该策略定义在每种可能的状态（$s \in S$）下应该采取的行动。
- $R(s)$：表示代理在状态 s 处收到的奖励。

本章将介绍如何使用 R 建立强化学习模型。下一节将介绍 R 中的 MDPtoolbox。

7.2 建立马尔可夫决策过程

马尔可夫决策过程（Markov Decision Process，MDP）是建立强化学习的基础，其中决策的结果是半控制的；也就是说，部分是随机的，部分是由决策者控制的。MDP 是使用一组可能的状态（S）、一组可能的行动（A）、一个实值奖励函数（R）和一组给定行动从一个状态到另一个状态的转移概率（T）来定义的。此外，对一个状态执行的行动效果仅取决于该状态，而不取决于其以前的状态。

7.2.1 做好准备

在本小节中，我们定义一个跨越 4×4 网格的代理（16 个状态），如图 7-2 所示。

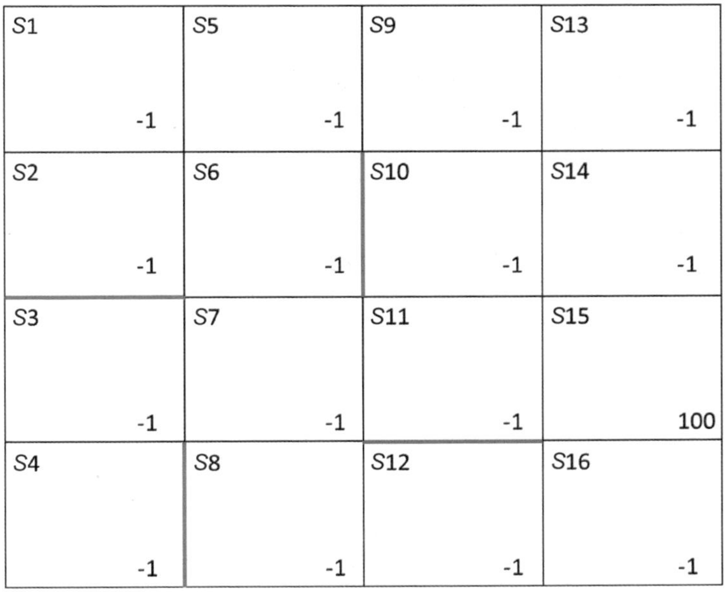

S1 -1	S5 -1	S9 -1	S13 -1
S2 -1	S6 -1	S10 -1	S14 -1
S3 -1	S7 -1	S11 -1	S15 100
S4 -1	S8 -1	S12 -1	S16 -1

图 7-2

该网格具有 16 个状态（*S*1,*S*2,…,*S*16）。在每种状态下，代理可以执行 4 项行动（向上、向右、向下、向左）。但是，基于以下限制，代理将仅限于某些行动。

■ 边缘的状态应限制为仅指向网格中状态的行动。例如，*S*1 中的代理仅限于向右或向下的行动。

■ 一些状态的转移有障碍，标示为红色。例如，代理不能从 *S*2 向下到 *S*3。

每个状态也被分配奖励。代理的目标是以最小的移动到达目的地，从而获得最大的奖励。 除了状态 *S*15 的奖励值为 100，其余所有状态的奖励值均为 -1。

在这里，我们将使用 R 中的 MDPtoolbox 包。

7.2.2 怎么做

本小节将向你展示如何使用 R 中的 MDPtoolbox 构建强化学习模型。

1. 安装并加载所需的软件包：

```
Install.packages("MDPtoolbox")
library(MDPtoolbox)
```

2. 定义行动的转移概率。此处，每行表示来的状态（from state），每列表示到的状态（to state）。 由于我们有 16 个状态，每个行动的转移概率矩阵应该是一个 16×16 的矩阵，每行加起来为 1：

```
up<- matrix(c(1      ,    0     ,    0     ,    0     ,    0
,    0   ,    0     ,    0     ,    0     ,    0     ,    0
,    0    ,    0    ,    0     ,    0     ,    0     ,
               0.7 ,    0.2    ,   0     ,    0     ,    0
,    0.1    ,    0    ,    0     ,    0     ,    0     ,    0
,    0    ,    0    ,    0     ,    0     ,    0     ,
                0    ,    0     ,    0.8   ,    0.05  ,    0
,    0    ,    0.15 ,    0     ,    0     ,    0     ,    0
,    0     ,    0    ,    0     ,    0     ,    0     ,
                0    ,    0     ,    0.7   ,    0.3   ,    0
,    0    ,    0    ,    0     ,    0     ,    0     ,    0
,    0     ,    0    ,    0     ,    0     ,    0     ,
                 0.1 ,    0     ,    0     ,    0     ,    0.7
```

```
, 0.1 , 0 , 0 , 0.1 , 0 , 0
, 0 , 0 , 0 , 0 , 0 ,
        0 , 0.05 , 0 , 0 , 0.7
, 0.15 , 0.1 , 0 , 0 , 0 ,
0 , 0 , 0 , 0 , 0 , 0 ,
        0 , 0 , 0.05 , 0 , 0
, 0.7 , 0.15 , 0.05 , 0 , 0 ,
0.05 , 0 , 0 , 0 , 0 , 0 ,
        0 , 0 , 0 , 0 , 0
, 0 , 0.7 , 0.2 , 0 , 0 , 0
, 0.1 , 0 , 0 , 0 , 0 ,
      0 , 0 , 0 , 0 , 0.05
, 0 , 0 , 0 , 0.85 , 0.05 , 0
, 0 , 0.05 , 0 , 0 , 0 ,
      0 , 0 , 0 , 0 , 0
, 0 , 0 , 0 , 0.7 , 0.2 ,
0.05 , 0 , 0 , 0.05 , 0 , 0 ,
      0 , 0 , 0 , 0 , 0
, 0 , 0.05 , 0 , 0 , 0.7 , 0.2
, 0 , 0 , 0 , 0.05 , 0 ,
      0 , 0 , 0 , 0 , 0
, 0 , 0 , 0.05 , 0 , 0 , 0
, 0.9 , 0 , 0 , 0 , 0.05 ,
      0 , 0 , 0 , 0 , 0
, 0 , 0 , 0 , 0.1 , 0 , 0
, 0 , 0.9 , 0 , 0 , 0 ,
      0 , 0 , 0 , 0 , 0
, 0 , 0 , 0 , 0 , 0.1 , 0
, 0 , 0.7 , 0.2 , 0 , 0 ,
      0 , 0 , 0 , 0 , 0
, 0 , 0 , 0 , 0 , 0 ,
0.05 , 0 , 0 , 0.8 , 0.15 , 0 ,
      0 , 0 , 0 , 0 , 0
, 0 , 0 , 0 , 0 , 0 , 0
, 0 , 0 , 0 , 0.8 , 0.2 ),
nrow=16, ncol=16, byrow=TRUE)
left<- matrix(c(1 , 0 , 0 , 0 , 0
, 0 , 0 , 0 , 0 , 0 , 0
, 0 , 0 , 0 , 0 , 0 ,
        0.05 , 0.9 , 0 , 0 ,
0 , 0.05 , 0 , 0 , 0 , 0 ,
0 , 0 , 0 , 0 , 0 , 0 ,
        0 , 0 , 0.9 , 0.05 , 0
, 0 , 0.05 , 0 , 0 , 0 , 0
```

```
,     0    ,   0    ,    0     ,     0   ,   0     ,
                0  ,     0     ,     0.05 ,   0.9    ,     0
,     0   ,     0    ,    0.05   ,    0   ,   0     ,     0
,     0    ,   0    ,    0     ,     0   ,   0     ,
                0.8 ,    0     ,     0   ,   0     ,     0.1
,     0.05   ,   0    ,     0     ,   0.05 ,    0    ,
0    ,     0    ,   0    ,      0    ,   0     ,    0    ,
                0   ,    0.8   ,    0    ,   0     ,     0.05
,     0.1    ,   0.05  ,    0      ,   0   ,    0     ,    0
,     0      ,  0   ,       0     ,   0   ,    0     ,
                 0 ,       0      ,  0.8  ,    0     ,    0
,     0.05     ,   0.1   ,        0.05 ,   0     ,      0   ,
0    ,      0   ,   0     ,      0    ,  0      ,     0  ,
                  0   ,  0       ,    0   ,    0     ,    0
,     0       ,   0.1   ,  0.8     ,    0   ,    0     ,    0
,     0.1      ,  0     ,  0       ,    0   ,    0     ,
                  0    ,  0       ,   0   ,    0     ,    0.8
,     0       ,   0    ,  0       ,    0.1 ,    0.05   ,    0
,     0     ,  0.05  ,   0     ,    0   ,   0       ,
                0   ,   0     ,   0   ,   0       ,    0
,     0.8   ,     0    ,      0     ,   0.05  ,   0.1    ,
0.05  ,     0     ,   0    ,      0    ,   0    ,     0     ,
                0   ,   0      ,   0       ,   0    ,    0
,     0   ,    0.8   ,   0      ,   0        ,   0.1  ,    0.1
,     0    ,   0     ,   0      ,   0        ,   0     ,
                0   ,   0      ,   0       ,   0     ,   0
,     0   ,    0     ,   0.8    ,   0        ,   0     ,    0
,     0.2   ,   0     ,   0      ,   0        ,   0     ,
                0   ,   0      ,   0       ,   0     ,   0
,     0   ,    0     ,   0      ,   0.8      ,   0     ,    0
,     0     ,  0.2   ,   0      ,   0        ,   0     ,
                0   ,   0      ,   0       ,   0     ,   0
,     0   ,    0     ,   0      ,   0        ,   0.8   ,    0
,     0    ,   0.05  ,   0.1    ,   0.05     ,   0     ,
                0   ,   0      ,   0       ,   0     ,   0
,     0   ,    0     ,   0      ,   0        ,   0     ,    0.8
,     0     ,  0     ,   0.05   ,   0.1      ,   0.05  ,
                0   ,   0      ,   0       ,   0     ,   0
,     0   ,    0     ,   0      ,   0        ,   0     ,    0
,     0.8   ,  0     ,   0      ,   0.05     ,   0.15),
nrow=16, ncol=16, byrow=TRUE)
down<- matrix(c(0.1  ,    0.8     ,   0       ,   0     ,   0.1
,      0  ,     0     ,   0      ,   0        ,   0     ,    0
,      0   ,    0     ,   0      ,   0        ,   0     ,
```

```
            0.05 ,    0.9 ,    0 ,    0 ,
0    , 0.05 ,    0 ,    0 ,    0 ,    0 ,
0    ,    0 ,    0 ,    0 ,    0 ,    0 ,
            0 ,    0 ,    0.1 ,    0.8 ,    0
,    0 ,    0.1 ,    0 ,    0 ,    0 ,    0
,    0 ,    0 ,    0 ,    0 ,    0 ,
            0 ,    0 ,    0.1 ,    0.9 ,    0
,    0 ,    0 ,    0 ,    0 ,    0 ,    0
,    0 ,    0 ,    0 ,    0 ,    0 ,
            0.05 ,    0 ,    0 ,    0 ,
0.15 ,    0.8 ,    0 ,    0 ,    0 ,    0 ,
0    ,    0 ,    0 ,    0 ,    0 ,    0 ,
            0 ,    0 ,    0 ,    0 ,    0
,    0.2 ,    0.8 ,    0 ,    0 ,    0 ,    0
,    0 ,    0 ,    0 ,    0 ,    0 ,
            0,    0 ,    0 ,    0 ,    0
,    0 ,    0.2 ,    0.8 ,    0 ,    0 ,    0
,    0 ,    0 ,    0 ,    0 ,    0 ,
            0 ,    0 ,    0 ,    0 ,    0
,    0 ,    0.1 ,    0.9 ,    0 ,    0 ,    0
,    0 ,    0 ,    0 ,    0 ,    0 ,
            0 ,    0 ,    0 ,    0 ,    0.05
,    0 ,    0 ,    0 ,    0.1 ,    0.8 ,    0
,    0 ,    0.05 ,    0 ,    0 ,    0 ,
            0 ,    0 ,    0 ,    0 ,    0
,    0 ,    0 ,    0 ,    0 ,    0.2 ,    0.8
,    0 ,    0 ,    0 ,    0 ,    0 ,
            0 ,    0 ,    0 ,    0 ,    0
,    0 ,    0 ,    0 ,    0 ,    0.05 ,    0.8
,    0 ,    0 ,    0 ,    0.05 ,    0 ,
            0 ,    0 ,    0 ,    0 ,    0
,    0 ,    0 ,    0.05 ,    0 ,    0 ,    0
,    0.9 ,    0 ,    0 ,    0 ,    0.05 ,
            0 ,    0 ,    0 ,    0 ,    0
,    0 ,    0 ,    0 ,    0 ,    0 ,    0
,    0 ,    0.2 ,    0.8 ,    0 ,    0 ,
            0 ,    0 ,    0 ,    0 ,    0
,    0 ,    0 ,    0 ,    0 ,    0 ,    0
,    0 ,    0.05 ,    0.15 ,    0.8 ,    0 ,
            0 ,    0 ,    0 ,    0 ,    0
,    0 ,    0 ,    0 ,    0 ,    0 ,    0
,    0 ,    0 ,    0 ,    0.2 ,    0.8 ,
            0 ,    0 ,    0 ,    0 ,    0
,    0 ,    0 ,    0 ,    0 ,    0 ,    0
```

```
,    0    ,  0    ,    0    ,    0    ,    1),
nrow=16, ncol=16, byrow=TRUE)
right<- matrix(c(0.2 ,    0.1   ,    0    ,    0    ,    0.7
,    0    ,    0    ,    0    ,    0    ,    0    ,    0
,    0    ,    0    ,    0    ,    0    ,    0    ,
                0.1     ,    0.1    ,    0    ,    0    ,
0    ,    0.8    ,    0    ,    0    ,    0    ,    0    ,
0    ,    0    ,    0    ,    0    ,    0    ,    0    ,
                0    ,    0    ,    0.2 ,    0    ,    0
,    0    ,    0.8    ,    0    ,    0    ,    0    ,    0
,    0    ,    0    ,    0    ,    0    ,    0    ,
                0    ,    0    ,    0.1 ,    0.9 ,    0
,    0    ,    0    ,    0    ,    0    ,    0    ,    0
,    0    ,    0    ,    0    ,    0    ,    0    ,
                0    ,    0    ,    0    ,    0    ,    0.2
,    0.1    ,    0    ,    0    ,    0.7    ,    0    ,    0
,    0    ,    0    ,    0    ,    0    ,    0    ,
                0    ,    0    ,    0    ,    0    ,    0
,    0.9    ,    0.1    ,    0    ,    0    ,    0    ,    0
,    0    ,    0    ,    0    ,    0    ,    0    ,
                0    ,    0    ,    0    ,    0    ,    0
,    0.05    ,    0.1    ,    0    ,    0    ,    0    ,
0.85    ,    0    ,    0    ,    0    ,    0    ,    0    ,
                0    ,    0    ,    0    ,    0    ,    0
,    0    ,    0.1    ,    0.2    ,    0    ,    0    ,    0
,    0.7    ,    0    ,    0    ,    0    ,    0    ,
                0    ,    0    ,    0    ,    0    ,    0
,    0    ,    0    ,    0    ,    0.2    ,    0    ,    0
,    0    ,    0.8    ,    0    ,    0    ,    0    ,
                0    ,    0    ,    0    ,    0    ,    0
,    0    ,    0    ,    0    ,    0    ,    0.1    ,    0
,    0    ,    0    ,    0.9    ,    0    ,    0    ,
                0    ,    0    ,    0    ,    0    ,    0
,    0    ,    0    ,    0    ,    0    ,    0    ,    0.1
,    0    ,    0    ,    0    ,    0.9    ,    0    ,
                0    ,    0    ,    0    ,    0    ,    0
,    0    ,    0    ,    0    ,    0    ,    0    ,    0
,    0.2    ,    0    ,    0    ,    0    ,    0.8    ,
                0    ,    0    ,    0    ,    0    ,    0
,    0    ,    0    ,    0    ,    0    ,    0    ,    0
,    0    ,    1    ,    0    ,    0    ,    0    ,
                0    ,    0    ,    0    ,    0    ,    0
,    0    ,    0    ,    0    ,    0    ,    0    ,    0
,    0    ,    0    ,    1    ,    0    ,    0    ,
```

```
            0   ,   0   ,   0   ,   0   ,   0
,   0   ,   0   ,   0   ,   0   ,   0   ,   0
,   0   ,   0   ,   0   ,   1   ,   0   ,
            0   ,   0   ,   0   ,   0   ,   0
,   0   ,   0   ,   0   ,   0   ,   0   ,   0
,   0   ,   0   ,   0   ,   0   ,   1),
nrow=16, ncol=16, byrow=TRUE)
```

3．定义转移概率矩阵的列表：

```
TPMs <- list(up=up, left=left,down=down, right=right)
```

4．定义 16（状态数）×4（行动次数）维度的奖励矩阵：

```
Rewards<- matrix(c(-1, -1, -1, -1,
              -1, -1, -1, -1,
              -1, -1, -1, -1,
              -1, -1, -1, -1,
              -1, -1, -1, -1,
              -1, -1, -1, -1,
              -1, -1, -1, -1,
              -1, -1, -1, -1,
              -1, -1, -1, -1,
              -1, -1, -1, -1,
              -1, -1, -1, -1,
              -1, -1, -1, -1,
              -1, -1, -1, -1,
              -1, -1, -1, -1,
              100, 100, 100, 100,
              -1, -1, -1, -1),
nrow=16, ncol=4, byrow=TRUE)
```

5．测试定义的 TPMs 和 Rewards 是否满足定义明确的 MDP。如果它返回一个空字符串，那么 MDP 是有效的：

```
mdp_check(TPMs, Rewards)
```

7.3 执行基于模型的学习

顾名思义，使用一个预定义的模型来强化学习。此处，模型以转移概率的形式表示，且关键目标是使用这些预定义模型属性（即转移概率矩阵）确定最优策略和价值函数。该策略被定义为代理的学习机制，跨越多个状态。换言之，确定一个代理在给定状态下的最佳行动，以遍历到下一个状态，称为策略。

该策略的目标是最大化从初始状态到目标状态的累积奖励，其数学定义如下。其中，$P(s)$ 是从开始状态 s 开始的累积策略 P，R 是执行行动从状态 s_t 转移到状态 s_{t+1} 的奖励。

$$P(s) = \text{Max}[\sum_t R_{s_t,s_{t+1}}^{a_t}]$$

价值函数有两种类型：状态值函数和状态行动值函数。在状态值函数中，对于给定的策略，它被定义为特定状态（包括初始状态）下的预期奖励；而在状态行动值函数中，对于给定的策略，它被定义为特定状态（包括初始状态）下的预期奖励，并将采取特定行动。

现在，如果一个策略返回最大预期累积奖励，并且其相应状态被称为最优状态值函数，或其相应状态和行动被称为最优状态行动值函数，则该策略被认为是最优的。

在基于模型的学习中，执行以下迭代步骤以获得最优策略，如图 7-3 所示。

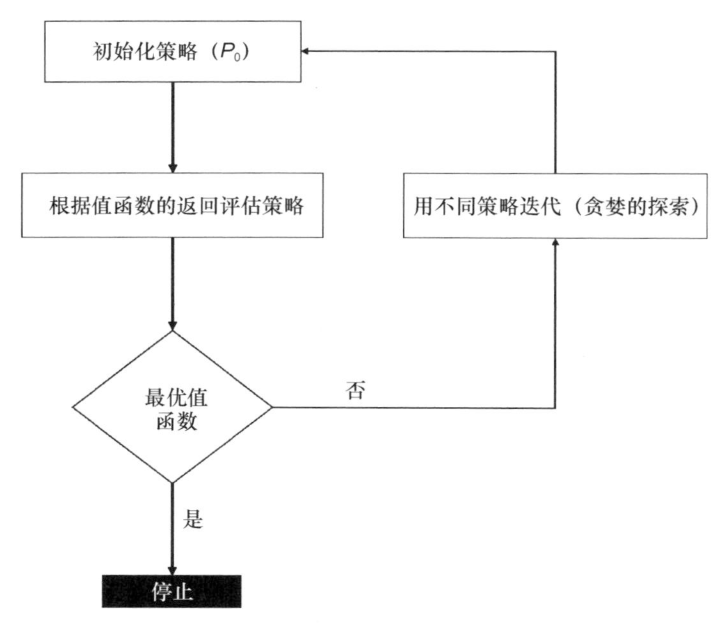

图 7-3

本节我们将使用状态值函数来评估策略。在每次迭代中，使用 Bellman 方程对策略进行动态评估，公式如下所示。其中，V_i 表示迭代 i 处的值，P 表示给定状态 s 和行动 a 的任意策略，T 表示由于行动 a 从状态 s 到状态 s' 的转移概率，R 表示行动 a 后从状态 s 到状态 s' 的奖励，并且 γ 表示在（0, 1）范围内的贴现因子。贴现因子确保开始学习步骤比以后更重要。

$$V_{i+1}(s)=\sum_{a}P(s,a)\sum_{s'}T_{ss'}^{a}[R_{ss'}^{a}+\gamma V_i(s')]$$

怎么做

本节介绍如何构建基于模型的强化学习。

1．使用贴现因子 γ=0.9 的状态行动值函数运行策略迭代：

```
mdp_policy<- mdp_policy_iteration(P=TPMs, R=Rewards, discount=0.9)
```

2．获得最好（最优）策略 P^*，如图 7-4 所示。绿色的箭头表示从 $S1$ 跨越到 $S15$ 的方向。

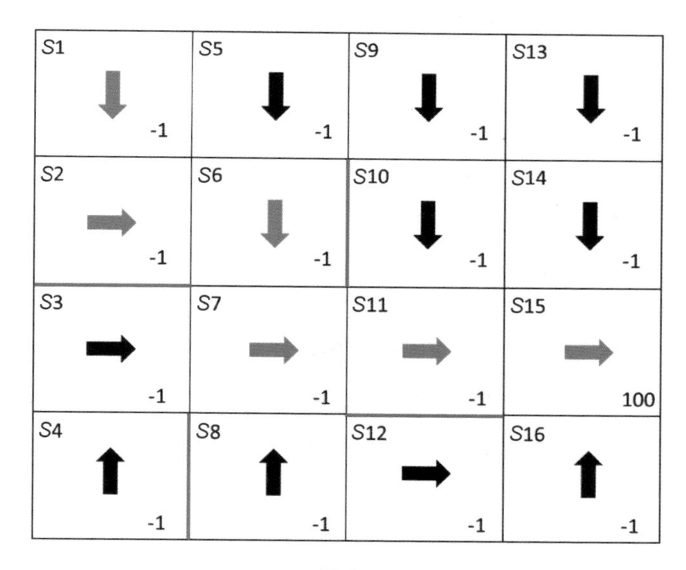

图 7-4

```
mdp_policy$policy
names(TPMs)[mdp_policy$policy]
```

3．获得每个状态的最优值函数 V^*，并绘制，如图 7-5 所示。

```
mdp_policy$V
names(mdp_policy$V) <- paste0("S",1:16)
barplot(mdp_policy$V,col="blue",xlab="states",ylab="Optimal
value",main="Value function of the optimal Policy",width=0.5)
```

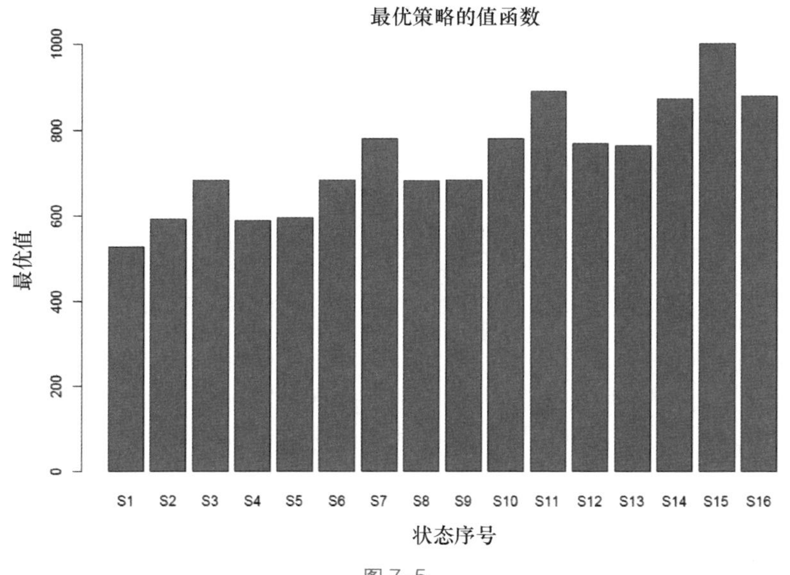

图 7-5

7.4　进行无模型学习

基于模型的学习明确地提供了转移动力（比如从一个状态到另一个状态的转移概率）。与基于模型的学习不同，无模型的学习中转移应该从状态之间的相互作用（使用行动）中直接推导和学习，而不是明确地提供。广泛使用的无模型学习框架是蒙特卡罗（Monte Carlo）方法和 Q 学习（Q-learning）技术。 前者实现简单，但需要时间收敛；而后者实现复杂，但由于是离策略（Off-Policy）学习，收敛效率较高。

7.4.1　做好准备

我们将在 R 中实现 Q 学习算法，同时探索周围环境和利用现有知识，这被称为离策略收敛（Off_Policy Convergence）。 例如，特定状态的代理首先探索转移到下一个状态的所有可能行动，并观察相应奖励，然后利用当前知识，使用产生最大可能奖励的行动来更新现有状态行动值。

Q 学习返回一个二维 Q 表格，其大小为状态数量乘以行动数量。学习基于以下公式更新 Q 表中的值，其中 Q 表示状态 s 和行动 a 的值，r' 表示选定行动 a 的下一个状态的奖励，γ 表示贴现因子，α 表示学习率：

$$Q_{\text{new}}(s,a)=Q_{\text{old}}(s,a)+\alpha[r'+\gamma*\max_{a'}Q_{\text{预期最佳值}}(s',a')-Q_{\text{old}}(s,a)]$$

Q 学习的框架如图 7-6 所示。

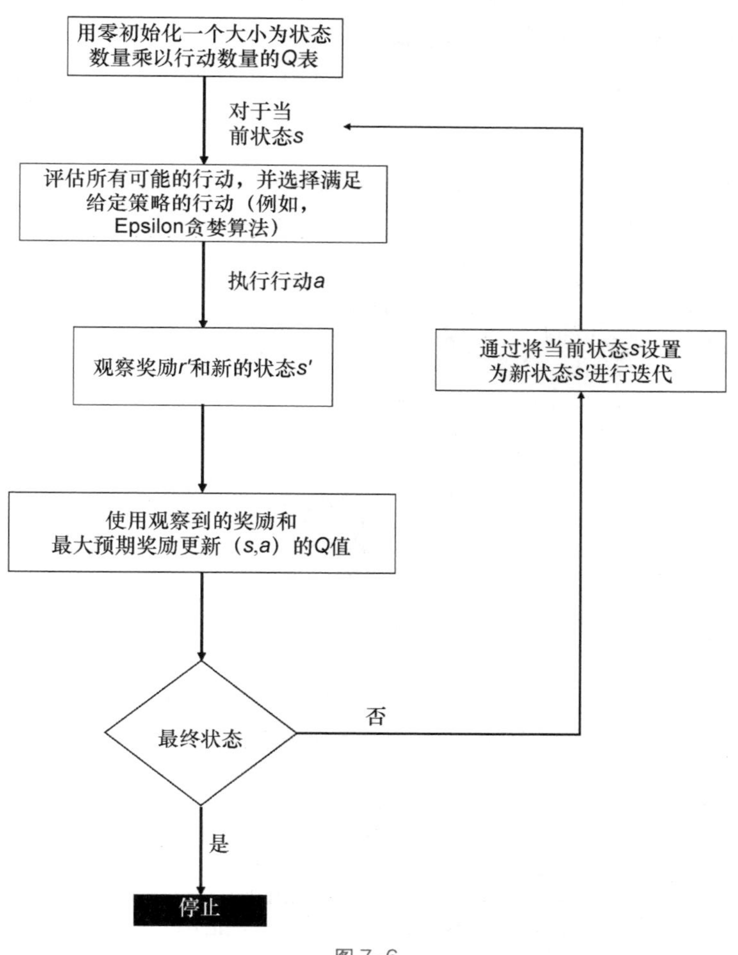

图 7-6

7.4.2 怎么做

本小节提供了如何设置 Q 学习的步骤。

1．定义 16 种状态：

```
states <- c("s1", "s2", "s3", "s4", "s5", "s6", "s7", "s8", "s9",
"s10", "s11", "s12", "s13", "s14", "s15", "s16")
```

2．定义 4 个行动：

```
actions<- c("up", "left", "down", "right")
```

3．定义 transitionStateAction 函数，该函数可以模拟执行行动 a 从一个状态 s 到另一个状态 s' 的转移。该函数接受当前状态 s 和选定的行动 a，并返回下一个状态 s' 和相应的奖励 r'。在受限行动的情况下，返回的下一个状态是当前状态 s 和现有奖励 r：

```
transitionStateAction<- function(state, action) {
  # 默认状态是受限行动时的现有状态
next_state<- state
if (state == "s1"&& action == "down") next_state<- "s2"
if (state == "s1"&& action == "right") next_state<- "s5"
if (state == "s2"&& action == "up") next_state<- "s1"
if (state == "s2"&& action == "right") next_state<- "s6"
if (state == "s3"&& action == "right") next_state<- "s7"
if (state == "s3"&& action == "down") next_state<- "s4"
if (state == "s4"&& action == "up") next_state<- "s3"
if (state == "s5"&& action == "right") next_state<- "s9"
if (state == "s5"&& action == "down") next_state<- "s6"
if (state == "s5"&& action == "left") next_state<- "s1"
if (state == "s6"&& action == "up") next_state<- "s5"
if (state == "s6"&& action == "down") next_state<- "s7"
if (state == "s6"&& action == "left") next_state<- "s2"
if (state == "s7"&& action == "up") next_state<- "s6"
if (state == "s7"&& action == "right") next_state<- "s11"
if (state == "s7"&& action == "down") next_state<- "s8"
if (state == "s7"&& action == "left") next_state<- "s3"
if (state == "s8"&& action == "up") next_state<- "s7"
if (state == "s8"&& action == "right") next_state<- "s12"
if (state == "s9"&& action == "right") next_state<- "s13"
if (state == "s9"&& action == "down") next_state<- "s10"
if (state == "s9"&& action == "left") next_state<- "s5"
if (state == "s10"&& action == "up") next_state<- "s9"
if (state == "s10"&& action == "right") next_state<- "s14"
if (state == "s10"&& action == "down") next_state<- "s11"
if (state == "s11"&& action == "up") next_state<- "s10"
if (state == "s11"&& action == "right") next_state<- "s15"
```

```
if (state == "s11"&& action == "left") next_state<- "s7"
if (state == "s12"&& action == "right") next_state<- "s16"
if (state == "s12"&& action == "left") next_state<- "s8"
if (state == "s13"&& action == "down") next_state<- "s14"
if (state == "s13"&& action == "left") next_state<- "s9"
if (state == "s14"&& action == "up") next_state<- "s13"
if (state == "s14"&& action == "down") next_state<- "s15"
if (state == "s14"&& action == "left") next_state<- "s10"
if (state == "s15"&& action == "up") next_state<- "s14"
if (state == "s15"&& action == "down") next_state<- "s16"
if (state == "s15"&& action == "left") next_state<- "s11"
if (state == "s16"&& action == "up") next_state<- "s15"
if (state == "s16"&& action == "left") next_state<- "s12"
  # 计算奖励
if (next_state == "s15") {
reward<- 100
  } else {
reward<- -1
  }
return(list(state=next_state, reward=reward))
}
```

4. 定义一个使用 n 次迭代执行 Q 学习的函数:

```
Qlearning<- function(n, initState, termState,
epsilon, learning_rate) {
  # 使用零初始化大小为状态数量乘以行动数量的 Q 矩阵
Q_mat<- matrix(0, nrow=length(states), ncol=length(actions),
dimnames=list(states, actions))
  # 运行 n 次 Q 学习迭代
for (i in 1:n) {
Q_mat<- updateIteration(initState, termState, epsilon,
learning_rate, Q_mat)
  }
return(Q_mat)
}
   updateIteration<- function(initState, termState, epsilon,
learning_rate, Q_mat) {
state<- initState # 将光标设置为初始状态
while (state != termState) {
    # 贪婪地或随机地选择下一个行动
if (runif(1) >= epsilon) {
action<- sample(actions, 1) # Select randomnly
    } else {
action<- which.max(Q_mat[state, ]) # Select best action
```

```
    }
    # 提取下一个状态及其奖励
response<- transitionStateAction(state, action)
    # 更新 Q 矩阵（学习）中的相应值
Q_mat[state, action] <- Q_mat[state, action] + learning_rate *
      (response$reward + max(Q_mat[response$state, ]) -
Q_mat[state, action])
state<- response$state # 用下一个状态更新
  }
return(Q_mat)
}
```

5. 设置学习参数，如 epsilon 和 learning_rate：

```
epsilon<- 0.1
learning_rate<- 0.9
```

6. 在 500,000 次迭代后获取 *Q* 表：

```
Q_mat<- Qlearning(500, "s1", "s15", epsilon, learning_rate)
Q_mat
```

7. 获得最好（最优）策略 *P**，如图 7-7 所示。绿色的箭头表示从 *S*1 跨越到 *S*15 的方向。

```
actions[max.col(Q_mat)]
```

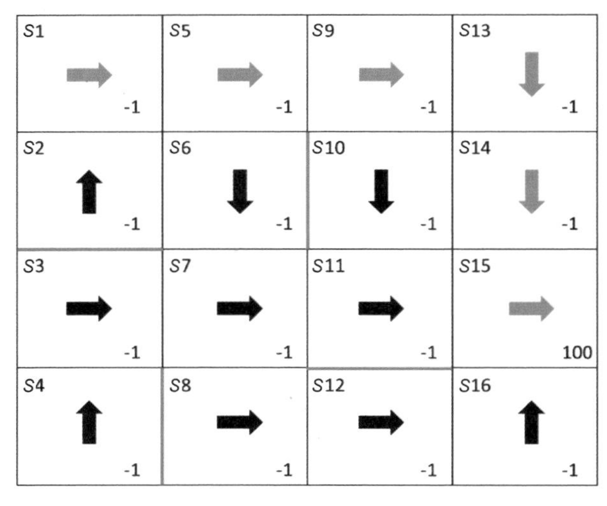

图 7-7

第 8 章 深度学习在文本挖掘中的应用

本章将讨论以下主题：

- 对文本数据进行预处理并提取感情；
- 使用 tf-idf 分析文档；
- 使用 LSTM 网络执行情感预测；
- 使用 text2vec 示例的应用程序。

8.1 对文本数据进行预处理并提取情感

在本节中，我们将简 · 奥斯汀发表于 1813 年的畅销小说《傲慢与偏见》用于我们的文本数据预处理分析。在 R 中，我们将使用 Hadley Wickham 开发的 tidytext 包来执行词语切分、停止词的删除、使用预定义情感词典提取情感、词频 - 逆文档频率（term frequency - inverse document frequency，tf-idf）矩阵的创建，以及理解 n-grams 之间的成对相关性。

在本节中，我们不是将文本存储为字符串、语料库或文档术语矩阵（Document Term Matrix，DTM），而是将其处理为每行一个切分的表格格式。

8.1.1 怎么做

以下是我们如何进行预处理的步骤。

1．加载所需的软件包：

```
load_packages=c("janeaustenr","tidytext","dplyr","stringr","ggplot2
","wordcloud","reshape2","igraph","ggraph","widyr","tidyr")
lapply(load_packages, require, character.only = TRUE)
```

2．加载 Pride and Prejudice 数据集。line_num 属性类似于书中打印的行号：

```
Pride_Prejudice <- data.frame("text" = prideprejudice,
                              "book" = "Pride and Prejudice",
                              "line_num" =
1:length(prideprejudice),
                              stringsAsFactors=F)
```

3．执行词语切分，将每行一个字符串的格式重新构建为每行一个切分词的格式。此处，切分词可以是单个单词、一组字符、共同出现的单词（n-gram）、句子、段落等。目前，我们会将句子切分为单个单词：

```
Pride_Prejudice <- Pride_Prejudice %>% unnest_tokens(word,text)
```

4．使用停止词（stop words）"移除语料库"删除常用单词，例如 the、and 和 for 等：

```
data(stop_words)
Pride_Prejudice <- Pride_Prejudice %>% anti_join(stop_words,
by="word")
```

5．提取常用的文本单词：

```
most.common <- Pride_Prejudice %>% dplyr::count(word, sort = TRUE)
```

6．将前 10 个常见词做可视化处理，如图 8-1 所示。

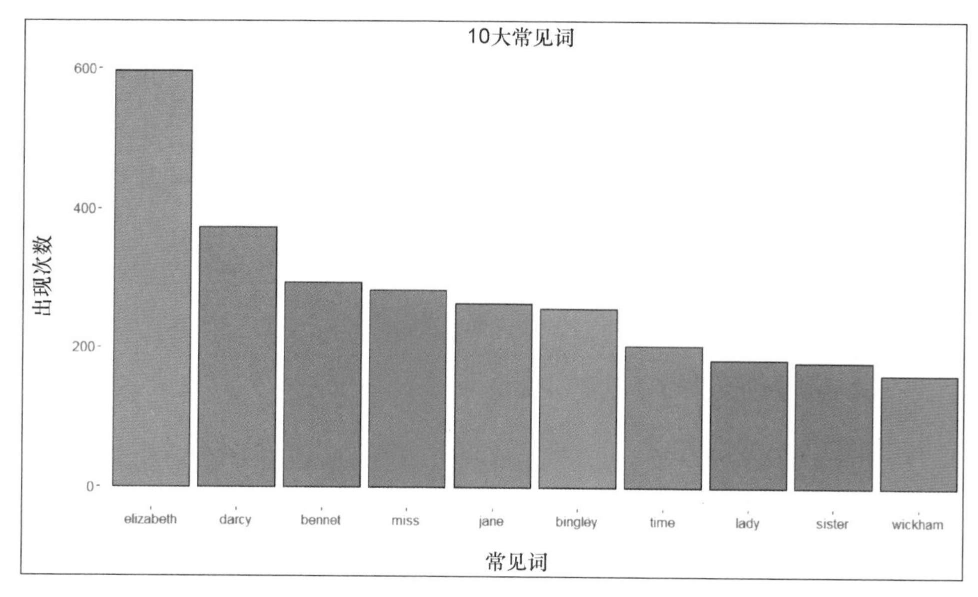

图 8-1

```
most.common$word <- factor(most.common$word , levels =
most.common$word)
ggplot(data=most.common[1:10,], aes(x=word, y=n, fill=word)) +
  geom_bar(colour="black", stat="identity")+
  xlab("Common Words") + ylab("N Count")+
  ggtitle("Top 10 common words")+
  guides(fill=FALSE)+
  theme(plot.title = element_text(hjust = 0.5))+
  theme(text = element_text(size = 10))+
  theme(panel.background = element_blank(), panel.grid.major =
element_blank(),panel.grid.minor = element_blank())
```

7. 用 bing 词典提取更高层次的情感（积极或消极）。

```
Pride_Prejudice_POS_NEG_sentiment <- Pride_Prejudice %>%
inner_join(get_sentiments("bing"), by="word") %>%
dplyr::count(book, index = line_num %/% 150, sentiment) %>%
spread(sentiment, n, fill = 0) %>% mutate(net_sentiment = positive
- negative)
```

8. 将小部分文本的情感可视化，如图 8-2 所示。

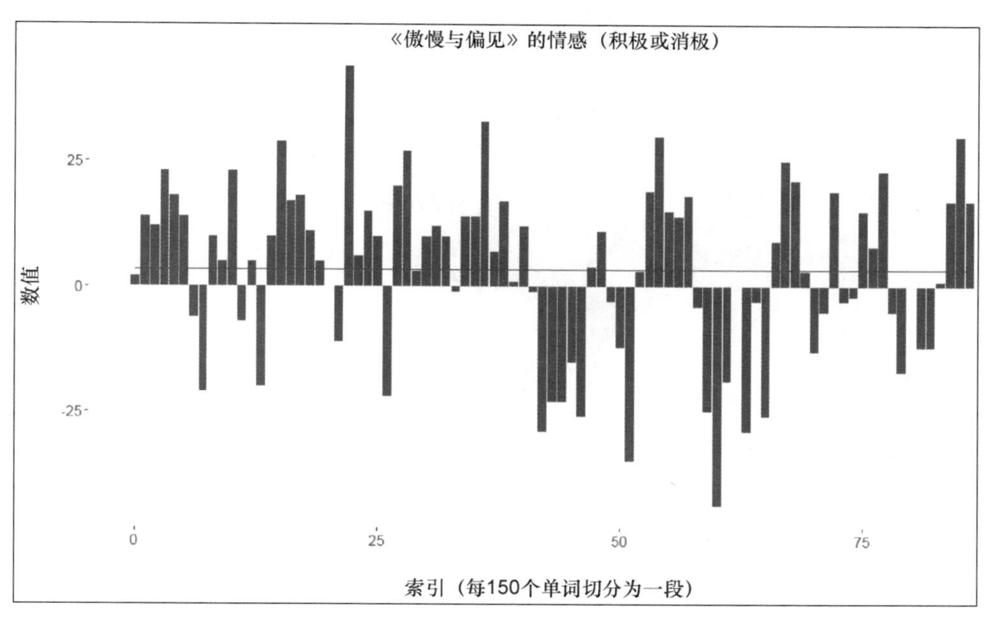

图 8-2

```
ggplot(Pride_Prejudice_POS_NEG_sentiment, aes(index,
net_sentiment))+
  geom_col(show.legend = FALSE) +
```

```
  geom_line(aes(y=mean(net_sentiment)),color="blue")+
  xlab("Section (150 words each)") + ylab("Values")+
  ggtitle("Net Sentiment (POS - NEG) of Pride and Prejudice")+
  theme(plot.title = element_text(hjust = 0.5))+
  theme(text = element_text(size = 10))+
  theme(panel.background = element_blank(), panel.grid.major =
element_blank(),panel.grid.minor = element_blank())
```

9. 使用 nrc 词典以细粒度级别（积极、消极、愤怒、厌恶、惊讶、信任等）提取情感：

```
Pride_Prejudice_GRAN_sentiment <- Pride_Prejudice %>%
inner_join(get_sentiments("nrc"), by="word") %>% dplyr::count(book,
index = line_num %/% 150, sentiment) %>% spread(sentiment, n, fill
= 0)
```

10. 可视化已定义的不同情感间的变化，如图 8-3 所示。

```
ggplot(stack(Pride_Prejudice_GRAN_sentiment[,3:12]), aes(x = ind, y
= values)) +
  geom_boxplot()+
  xlab("Sentiment types") + ylab("Sections (150 words) of text")+
  ggtitle("Variation across different sentiments")+
  theme(plot.title = element_text(hjust = 0.5))+
  theme(text = element_text(size = 15))+
  theme(panel.background = element_blank(), panel.grid.major =
element_blank(),panel.grid.minor = element_blank())
```

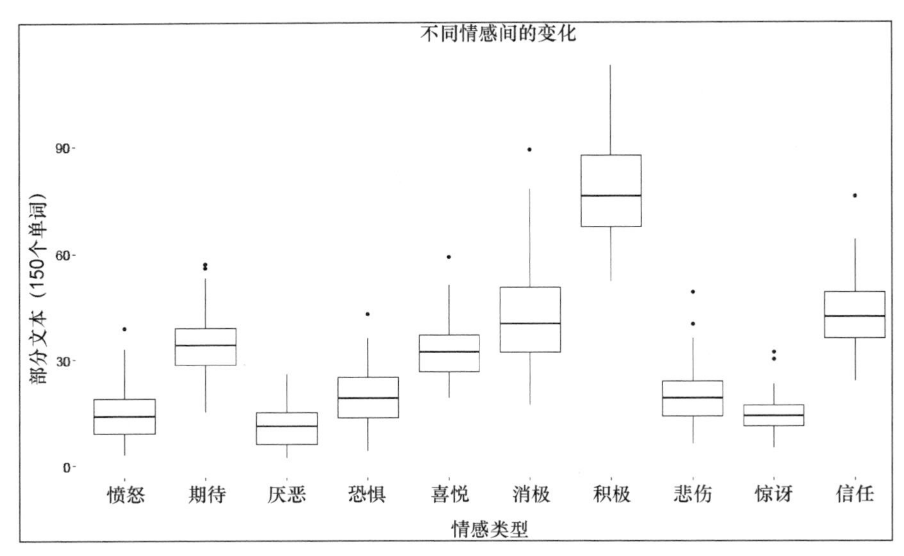

图 8-3

11．根据 bing 词典提取小说《傲慢与偏见》中出现最多的积极词和消极词，并将它们可视化，如图 8-4 所示。

```
POS_NEG_word_counts <- Pride_Prejudice %>%
inner_join(get_sentiments("bing"), by="word") %>%
dplyr::count(word, sentiment, sort = TRUE) %>% ungroup()
POS_NEG_word_counts %>% group_by(sentiment) %>% top_n(10) %>%
ungroup() %>% mutate(word = reorder(word, n)) %>% ggplot(aes(word,
n, fill = sentiment)) + geom_col(show.legend = FALSE) +
facet_wrap(~sentiment, scales = "free_y") + ggtitle("Top 10
positive and negative words")+ coord_flip() + theme(plot.title =
element_text(hjust = 0.5))+ theme(text = element_text(size = 15))+
labs(y = NULL, x = NULL)+ theme(panel.background =
element_blank(),panel.border = element_rect(linetype = "dashed",
fill = NA))
```

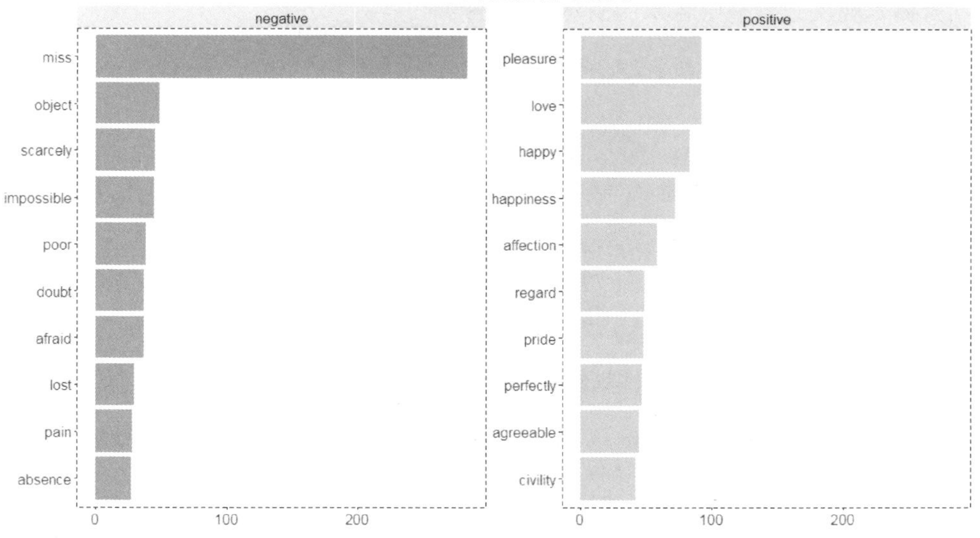

图 8-4

12．生成一个情感词云，如图 8-5 所示。

```
Prejudice %>%
inner_join(get_sentiments("bing"), by = "word") %>%
dplyr::count(word, sentiment, sort = TRUE) %>% acast(word ~
sentiment, value.var = "n", fill = 0) %>% comparison.cloud(colors =
```

```
c("red", "green"), max.words = 100,title.size=2, use.r.layout=TRUE,
random.order=TRUE, scale=c(6,0.5)
```

图 8-5

13．现在分析书中各章的情感：

（1）提取章节，并执行词语切分：

```
austen_books_df <-
as.data.frame(austen_books(),stringsAsFactors=F)
austen_books_df$book <- as.character(austen_books_df$book)
Pride_Prejudice_chapters <- austen_books_df %>%
group_by(book) %>% filter(book == "Pride & Prejudice") %>%
mutate(chapter = cumsum(str_detect(text, regex("^chapter
[\\divxlc]", ignore_case = TRUE)))) %>% ungroup() %>%
unnest_tokens(word, text)
```

（2）从 bing 词典中提取积极词集和消极词集：

```
bingNEG <- get_sentiments("bing") %>%
  filter(sentiment == "negative")
bingPOS <- get_sentiments("bing") %>%
  filter(sentiment == "positive")
```

（3）获取每章的字数：

```
wordcounts <- Pride_Prejudice_chapters %>%
group_by(book, chapter) %>%
dplyr::summarize(words = n())
```

（4）提取积极词和消极词的比例：

```
POS_NEG_chapter_distribution <- merge (
```

```
Pride_Prejudice_chapters %>%
semi_join(bingNEG, by="word") %>%
group_by(book, chapter) %>%
dplyr::summarize(neg_words = n()) %>%
left_join(wordcounts, by = c("book", "chapter")) %>%
mutate(neg_ratio = round(neg_words*100/words,2)) %>%
filter(chapter != 0) %>%
ungroup(),
Pride_Prejudice_chapters %>%
semi_join(bingPOS, by="word") %>%
group_by(book, chapter) %>%
dplyr::summarize(pos_words = n()) %>%
left_join(wordcounts, by = c("book", "chapter")) %>%
mutate(pos_ratio = round(pos_words*100/words,2)) %>%
filter(chapter != 0) %>%
ungroup() )
```

（5）根据积极词和消极词的比例生成每章的情感标志：

```
POS_NEG_chapter_distribution$sentiment_flag <-
ifelse(POS_NEG_chapter_distribution$neg_ratio >
POS_NEG_chapter_distribution$pos_ratio,"NEG","POS")
table(POS_NEG_chapter_distribution$sentiment_flag)
```

8.1.2 工作原理

如上所述，在本节中我们使用了简·奥斯汀的著名小说《傲慢与偏见》，详细介绍了整理数据的步骤，以及使用（公开）可用的词典提取情感的方法。

8.1.1 小节的步骤 1 和步骤 2 显示了所需的 CRAN 包和所需的文本的加载；步骤 3 和步骤 4 执行单构词切分和停止词删除；步骤 5 和步骤 6 提取并可视化小说所有 62 章中前 10 个经常出现的单词；步骤 7 ～步骤 12 使用两个广泛使用的词典 bing 和 nrc 来展示高级和细粒度级别的情感。

这两个词典都包含一系列广泛使用的英语单词，这些单词被标记为情感。在 bing 中，每个单词都被标记为高级二元情感之一（积极或消极）；在 nrc 中，每个单词被标记为精细的多重情感之一（积极、消极、愤怒、期待、喜悦、恐惧、厌恶、信任、悲伤和惊讶）。

每个 150 字长的句子都被标记为一种情感，图 8-2 中也显示了相同的情况。在步骤 13 中，使用 bing 词典中积极或消极词的最大出现率来执行按章节的情感标记。

在 62 个章节中，有 52 章出现了更多的积极词，有 10 章出现了更多的消极词。

8.2 使用 tf-idf 分析文档

在本节中，我们将学习如何定量分析文档。一种简单的方法是查看单字在文档中的分布及其出现频率，也被称为词频（term frequency，tf）。出现频率较高的词通常倾向于主导文档。

然而，在经常出现的单词如 the、is、of 等情况下，人们会有不同意见。因此，使用停止词字典删除这些单词。除了这些停止词之外，可能会有一些更为频繁且具有较少相关性的特定词。这种类型的单词使用其逆文档频率（inverse document frequency，idf）值进行惩罚。此处，出现频率较高的词语会受到惩罚。

统计数值 tf-idf（通过乘法）结合了 if 和 idf 这两个量，并提供了跨多个文档（或语料库）的给定文档中每个词的重要性或者相关性的度量。

在本节中，我们将在《傲慢与偏见》一书的各章中生成一个 tf-idf 矩阵。

8.2.1 怎么做

以下是我们如何使用 tf-idf 分析文档的方法。

1．提取《傲慢与偏见》一书中所有 62 章的内容，然后返回每个单词按章出现的次数。书中的总字数约为 1.22MB。

```
Pride_Prejudice_chapters <- austen_books_df %>%
group_by(book) %>%
filter(book == "Pride & Prejudice") %>%
mutate(linenumber = row_number(),
chapter = cumsum(str_detect(text, regex("^chapter [\\divxlc]",
                                        ignore_case = TRUE)))) %>%
ungroup() %>%
unnest_tokens(word, text) %>%
count(book, chapter, word, sort = TRUE) %>%
ungroup()
```

2．计算单词的等级，使得最频繁出现的词的等级较低。此外，按等级可视化词频，如图 8-6 所示。

```
freq_vs_rank <- Pride_Prejudice_chapters %>%
mutate(rank = row_number(),
       term_frequency = n/totalwords)
freq_vs_rank %>%
  ggplot(aes(rank, term_frequency)) +
  geom_line(size = 1.1, alpha = 0.8, show.legend = FALSE) +
  scale_x_log10() +
  scale_y_log10()
```

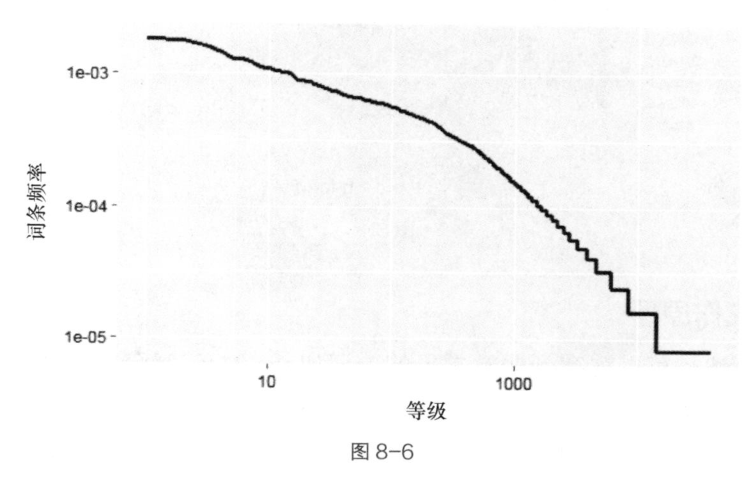

图 8-6

3．使用 bind_tf-idf 函数计算每个词的 tf-idf 值：

```
Pride_Prejudice_chapters <- Pride_Prejudice_chapters %>%
bind_tf_idf(word, chapter, n)
```

4．提取并将前 15 个 tf-idf 值较高的词可视化，如图 8-7 所示。

```
Pride_Prejudice_chapters %>%
  select(-totalwords) %>%
  arrange(desc(tf_idf))

Pride_Prejudice_chapters %>%
  arrange(desc(tf_idf)) %>%
  mutate(word = factor(word, levels = rev(unique(word)))) %>%
  group_by(book) %>%
  top_n(15) %>%
  ungroup %>%
  ggplot(aes(word, tf_idf, fill = book)) +
  geom_col(show.legend = FALSE) +
  labs(x = NULL, y = "tf-idf") +
  facet_wrap(~book, ncol = 2, scales = "free") +
  coord_flip()
```

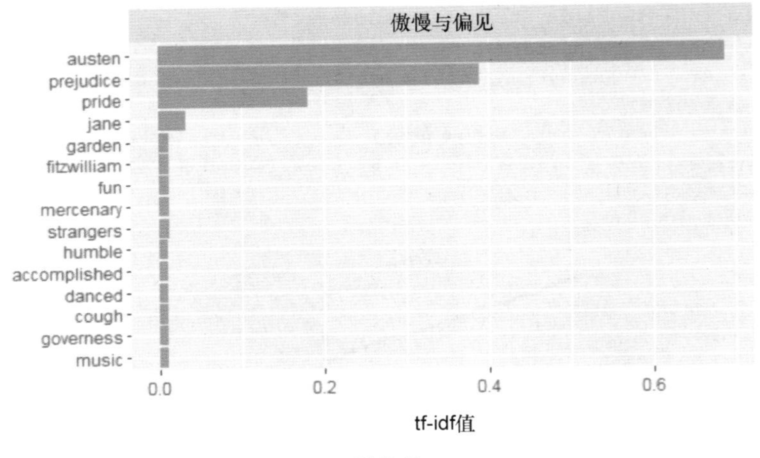

图 8-7

8.2.2 工作原理

如上所述，可以观察到非常常见的单词如 the 的 tf-idf 分数接近于零，而出现较少的单词如专有名词 Austen 的分数接近于 1。

8.3 使用 LSTM 网络执行情感预测

在本节中，我们将使用 LSTM 网络进行情感分析。除了词本身，LSTM 网络还解释了使用循环连接的序列，这使得它比传统的前馈神经网络更准确。

这里，我们将使用来自 CRAN 包的电影评论（movie reviews）数据集 text2vec。该数据集由 5,000 个 IMDb 电影评论组成，其中每个评论都有一个二元情感标记（积极或消极）。

8.3.1 怎么做

以下是如何使用 LSTM 进行情感预测的方法。

1．加载所需的软件包和电影评论数据集：

```
load_packages=c("text2vec","tidytext","tensorflow")
lapply(load_packages, require, character.only = TRUE)
data("movie_review")
```

2．分别提取电影评论和标签作为数据框和矩阵。在电影评论中，添加一个表示评论编号的附加属性“Sno”。在标签矩阵中，添加与消极标志（negative flag）相关的附加属性。

```
reviews <- data.frame("Sno" = 1:nrow(movie_review),
                         "text"=movie_review$review,
                         stringsAsFactors=F)
labels <- as.matrix(data.frame("Positive_flag" =
movie_review$sentiment,"negative_flag" = (1
                    movie_review$sentiment)))
```

3．提取评论中独特的词，并计算出现次数（*n*）。另外，用一个唯一的整数（orderNo）标记每个词。因此，每个词都使用一个唯一的整数进行编码，该整数之后将在 LSTM 网络中使用。

```
reviews_sortedWords <- reviews %>% unnest_tokens(word,text) %>%
dplyr::count(word, sort = TRUE)
reviews_sortedWords$orderNo <- 1:nrow(reviews_sortedWords)
reviews_sortedWords <- as.data.frame(reviews_sortedWords)
```

4．根据标记词出现情况将其分配回评论：

```
reviews_words <- reviews %>% unnest_tokens(word,text)
reviews_words <-
plyr::join(reviews_words,reviews_sortedWords,by="word")
```

5．使用步骤 4 的结果，创建一个评论列表，将每个评论转换为一组代表这些词的编码数字：

```
reviews_words_sno <- list()
for(i in 1:length(reviews$text))
{
  reviews_words_sno[[i]] <- c(subset(reviews_words,Sno==i,orderNo))
}
```

6．为了方便 LSTM 网络处理等长序列，我们将评论长度限制为 150 个字。换言之，超过 150 个单词的评论将被截断为前 150 个词，而较短的评论将通过添加所需数量的 0 为前缀来达到 150 个单词长度。因此，我们现在添加一个新的单词 0。

```
reviews_words_sno <- lapply(reviews_words_sno,function(x)
{
  x <- x$orderNo
  if(length(x)>150)
  {
```

```
    return (x[1:150])
  }
  else
  {
  return(c(rep(0,150-length(x)),x))
  }
})
```

7．使用 70:30 的分割比率将 5,000 条评论分为训练和测试评论。此外，将训练和测试行式的评论列表绑定到矩阵格式，其中行代表评论，列代表单词的位置：

```
train_samples <-
caret::createDataPartition(c(1:length(labels[1,1])),p =
0.7)$Resample1

train_reviews <- reviews_words_sno[train_samples]
test_reviews <- reviews_words_sno[-train_samples]

train_reviews <- do.call(rbind,train_reviews)
test_reviews <- do.call(rbind,test_reviews)
```

8．同样，将标签相应分成训练和测试：

```
train_labels <- as.matrix(labels[train_samples,])
test_labels <- as.matrix(labels[-train_samples,])
```

9．重置图形，并开启交互式 TensorFlow 会话：

```
tf$reset_default_graph()
sess<-tf$InteractiveSession()
```

10．定义模型参数，例如输入像素的大小（n_input）、步长（step_size）、隐藏层数（n.hidden）和结果类的数量（n.class）：

```
n_input<-15
step_size<-10
n.hidden<-2
n.class<-2
```

11．定义训练参数，例如学习速率（lr）、每批运行的输入数量（batch）和迭代次数（iteration）：

```
lr<-0.01
batch<-200
iteration = 500
```

12．基于第 6 章中定义的 RNN 和 LSTM 函数，从“使用全局变量初始值设定项初始化会话”部分开始。

```
sess$run(tf$global_variables_initializer())
train_error <- c()
for(i in 1:iteration){
  spls <- sample(1:dim(train_reviews)[1],batch)
  sample_data<-train_reviews[spls,]
  sample_y<-train_labels[spls,]
  # 将样本重塑成 15 个序列，且每个序列有 10 个元素
  sample_data=tf$reshape(sample_data, shape(batch, step_size,
n_input))
  out<-optimizer$run(feed_dict = dict(x=sample_data$eval(session =
sess), y=sample_y))
  if (i %% 1 == 0){
    cat("iteration - ", i, "Training Loss - ", cost$eval(feed_dict
= dict(x=sample_data$eval(), y=sample_y)), "\n")
  }
  train_error <- c(train_error,cost$eval(feed_dict =
dict(x=sample_data$eval(), y=sample_y)))
}
```

13．绘制迭代中训练误差的减少情况，如图 8-8 所示。

```
plot(train_error, main="Training sentiment prediction error",
xlab="Iterations", ylab = "Train Error")
```

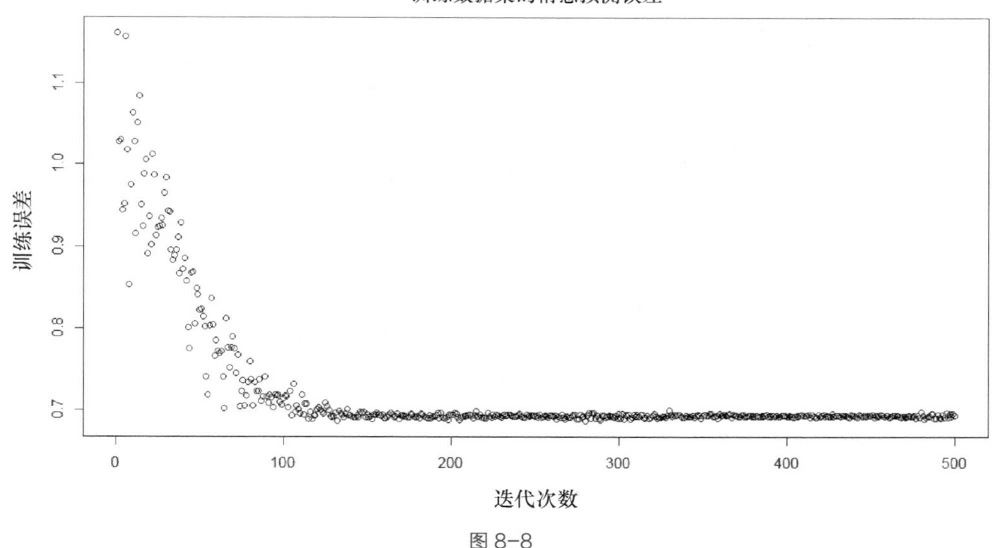

图 8-8

14．获取测试数据的误差：

```
test_data=tf$reshape(test_reviews, shape(-1, step_size, n_input))
cost$eval(feed_dict=dict(x= test_data$eval(), y=test_labels))
```

8.3.2　工作原理

在 8.3.1 小节的步骤 1 ～ 8 中，加载电影评论数据集，处理并转换成一组训练和测试矩阵，这些矩阵可以直接被用于训练 LSTM 网络。8.3.1 小节的步骤 9 ～ 14 用于使用 TensorFlow 运行 LSTM，如第 6 章循环神经网络中所述。图 8-8 显示了 500 次迭代中训练误差的下降。

8.4　使用 text2vec 示例的应用程序

在本节中，我们将分析逻辑回归在 text2vec 各种示例上的性能。

8.4.1　怎么做

以下讲解我们如何应用 text2vec。

1．加载所需的软件包和数据集：

```
library(text2vec)
library(glmnet)
data("movie_review")
```

2．执行 Lasso 逻辑回归的函数，并返回训练和测试 AUC 值：

```
logistic_model <- function(Xtrain,Ytrain,Xtest,Ytest)
{
  classifier <- cv.glmnet(x=Xtrain, y=Ytrain,
  family="binomial", alpha=1, type.measure = "auc",
  nfolds = 5, maxit = 1000)
  plot(classifier)
  vocab_test_pred <- predict(classifier, Xtest, type = "response")
  return(cat("Train AUC : ", round(max(classifier$cvm), 4),
  "Test AUC : ",glmnet:::auc(Ytest, vocab_test_pred),"\n"))
}
```

3．以 80:20 的比例，将电影评论数据拆分为训练和测试数据：

```
train_samples <-
caret::createDataPartition(c(1:length(labels[1,1])),p =
0.8)$Resample1
train_movie <- movie_review[train_samples,]
test_movie <- movie_review[-train_samples,]
```

4. 生成所有词汇的 DTM（不删除任何停止词），并使用 Lasso 逻辑回归评估其性能。

```
train_tokens <- train_movie$review %>% tolower %>% word_tokenizer
test_tokens <- test_movie$review %>% tolower %>% word_tokenizer

vocab_train <-
create_vocabulary(itoken(train_tokens,ids=train$id,progressbar =
FALSE))

# 生成训练和测试 DTMs
vocab_train_dtm <- create_dtm(it =
itoken(train_tokens,ids=train$id,progressbar = FALSE),
                               vectorizer =
vocab_vectorizer(vocab_train))
vocab_test_dtm <- create_dtm(it =
itoken(test_tokens,ids=test$id,progressbar = FALSE),
                               vectorizer =
vocab_vectorizer(vocab_train))

dim(vocab_train_dtm)
dim(vocab_test_dtm)

# 运行 Lasso（L1 范数）逻辑回归
logistic_model(Xtrain = vocab_train_dtm,
               Ytrain = train_movie$sentiment,
               Xtest = vocab_test_dtm,
               Ytest = test_movie$sentiment)
```

5. 使用停止词列表进行删减，然后使用 Lasso 逻辑回归评估性能：

```
data("stop_words")
vocab_train_prune <-
create_vocabulary(itoken(train_tokens,ids=train$id,progressbar =
FALSE),stopwords = stop_words$word)
vocab_train_prune <-
prune_vocabulary(vocab_train_prune,term_count_min = 15,
                                      doc_proportion_min = 0.0005,
                                      doc_proportion_max = 0.5)
```

```
vocab_train_prune_dtm <- create_dtm(it =
itoken(train_tokens,ids=train$id,progressbar = FALSE),
                                    vectorizer =
vocab_vectorizer(vocab_train_prune))
vocab_test_prune_dtm <- create_dtm(it =
itoken(test_tokens,ids=test$id,progressbar = FALSE),
                                   vectorizer =
vocab_vectorizer(vocab_train_prune))

logistic_model(Xtrain = vocab_train_prune_dtm,
               Ytrain = train_movie$sentiment,
               Xtest = vocab_test_prune_dtm,
               Ytest = test_movie$sentiment)
```

6. 使用 n-grams（单字和双字）生成 DTM，然后使用 Lasso 逻辑回归评估性能：

```
vocab_train_ngrams <-
create_vocabulary(itoken(train_tokens,ids=train$id,progressbar =
FALSE), ngram = c(1L, 2L))

vocab_train_ngrams <-
prune_vocabulary(vocab_train_ngrams,term_count_min = 10,
                                       doc_proportion_min = 0.0005,
                                       doc_proportion_max = 0.5)
vocab_train_ngrams_dtm <- create_dtm(it =
itoken(train_tokens,ids=train$id,progressbar = FALSE),
                                     vectorizer =
vocab_vectorizer(vocab_train_ngrams))
vocab_test_ngrams_dtm <- create_dtm(it =
itoken(test_tokens,ids=test$id,progressbar = FALSE),
                                    vectorizer =
vocab_vectorizer(vocab_train_ngrams))


logistic_model(Xtrain = vocab_train_ngrams_dtm,
               Ytrain = train_movie$sentiment,
               Xtest = vocab_test_ngrams_dtm,
               Ytest = test_movie$sentiment)
```

7. 执行特征散列（Feature Hashing），然后使用 Lasso 逻辑回归评估性能：

```
vocab_train_hashing_dtm <- create_dtm(it =
itoken(train_tokens,ids=train$id,progressbar = FALSE),
                                      vectorizer =
```

```
hash_vectorizer(hash_size = 2^14, ngram = c(1L, 2L)))
vocab_test_hashing_dtm <- create_dtm(it =
itoken(test_tokens,ids=test$id,progressbar = FALSE),
                                     vectorizer =
hash_vectorizer(hash_size = 2^14, ngram = c(1L, 2L)))

logistic_model(Xtrain = vocab_train_hashing_dtm,
               Ytrain = train_movie$sentiment,
               Xtest = vocab_test_hashing_dtm,
               Ytest = test_movie$sentiment)
```

8．在完整词汇 DTM 中使用 tf-idf 变换，使用 Lasso 逻辑回归评估性能：

```
vocab_train_tfidf <- fit_transform(vocab_train_dtm, TfIdf$new())
vocab_test_tfidf <- fit_transform(vocab_test_dtm, TfIdf$new())

logistic_model(Xtrain = vocab_train_tfidf,
               Ytrain = train_movie$sentiment,
               Xtest = vocab_test_tfidf,
               Ytest = test_movie$sentiment)
```

8.4.2 工作原理

8.4.1 小节的步骤 1 ～ 3 加载评估 text2vec 的不同示例所需的软件包、数据集和函数。使用 glmnet 软件包和 L1 惩罚（Lasso 正则化）实现逻辑回归。在 8.4.1 小节的步骤 4 中，使用训练电影评论中存在的所有词汇词来创建 DTM，并且测试 AUC 值是 0.918。在 8.4.1 小节的步骤 5 中，使用停止词和出现频率对训练和测试 DTM 进行删减。

测试 AUC 值为 0.916，与使用了所有词汇的值相比没有太大的降低。在 8.4.1 小节的步骤 6 中，连同单个单词（或一元文法），二元文法也被添加到词汇表中。测试 AUC 值增加到 0.928。然后在 8.4.1 小节的步骤 7 中执行特征散列，测试 AUC 值为 0.895。尽管 AUC 值降低了，但散列意味着提高较大数据集的运行时性能。特征散列被 Yahoo 广泛推广。最后，在 8.4.1 小节的步骤 8 中，我们执行 tf-idf 转换，它返回 0.907 的测试 AUC 值。

第 9 章 深度学习在信号处理中的应用

本章将介绍使用生成式建模技术（如 RBM）创建新音符的案例研究。在本章中，我们将介绍以下主题：

- 介绍并预处理音乐 MIDI 文件；
- 建立 RBM 模型；
- 生成新的音符。

9.1 介绍并预处理音乐 MIDI 文件

在本节中，我们将读取乐器数字接口（Musical Instrument Digital Interface，MIDI）文件库，并将它们预处理为适合 RBM 的格式。MIDI 是存储音符的格式之一，可以将其转换为其他格式，如 .wav、.mp3、.mp4 等。MIDI 文件格式存储各种类型的事件，如音符开始（Note-on）、音符结束（Note-off）、节奏（Tempo）、拍号（Time Signature）、曲目结束（End of track）等。但是，我们主要关注音符的类型——何时开始以及何时结束。

每首歌都被编码成一个二进制矩阵，其中行代表时间，列代表开始和结束音符。在每个时间点，开始一个音符并结束同一个音符。假设在 n 个音符中，音符 i 在时间点 j 开始并结束，位置$\boldsymbol{M}_{ji}=1$且$\boldsymbol{M}_{j}(n+i)=1$，其余的$\boldsymbol{M}_{j}=0$。

所有的行一起组成一首歌。目前，在本章中，我们将利用 Python 代码将 MIDI 歌曲编码为二进制矩阵，之后可以在受限玻尔兹曼机器中使用该矩阵。

9.1.1 做好准备

我们来看看预处理 MIDI 文件的先决条件。

1．下载 MIDI 歌曲库：

```
https://github.com/dshieble/Music_RBM/tree/master/Pop_Music_Midi
```

2．下载 Python 代码来操作 MIDI 歌曲：

```
https://github.com/dshieble/Music_RBM/blob/master/midi_manipulation.py
```

3．安装“reticulate”包，它为 Python 提供 R 接口：

```
Install.packages("reticulate")
```

4．导入 Python 库：

```
use_condaenv("python27")
midi <-
import_from_path("midi",path="C:/ProgramData/Anaconda2/Lib/sitepackages")
np <- import("numpy")
msgpack <-
import_from_path("msgpack",path="C:/ProgramData/Anaconda2/Lib/sitepackages")
psys <- import("sys")
tqdm <-
import_from_path("tqdm",path="C:/ProgramData/Anaconda2/Lib/sitepackages")
midi_manipulation_updated <-
import_from_path("midi_manipulation_updated",path="C:/Music_RBM")
glob <- import("glob")
```

9.1.2　怎么做

既然我们已经设置好了所有的基本内容，那么下面我们来看看定义 MIDI 文件的函数。

定义读取 MIDI 文件并将其编码为二进制矩阵的函数：

```
get_input_songs <- function(path){
  files = glob$glob(paste0(path,"/*mid*"))
  songs <- list()
  count <- 1
  for(f in files){
    songs[[count]] <-
np$array(midi_manipulation_updated$midiToNoteStateMatrix(f))
    count <- count+1
  }
  return(songs)
```

```
}
path <- 'Pop_Music_Midi'
input_songs <- get_input_songs(path)
```

9.2　建立 RBM 模型

在本节中，我们将建立一个 RBM 模型。

9.2.1　做好准备

为模型配置我们的系统。

1．在钢琴中，最低的音符是 24，最高为 102，因此音符的范围是 78。所以，编码矩阵中的列数为 156（78 列为音符开始，78 列为音符结束）：

```
lowest_note = 24L
highest_note = 102L
note_range = highest_note-lowest_note
```

2．我们将一次创建 15 个步长的音符，其中输入层中有 2,340 个节点，隐藏层中有 50 个节点：

```
num_timesteps = 15L
num_input     = 2L*note_range*num_timesteps
num_hidden     = 50L
```

3．学习率（alpha）为 0.1：

```
alpha<-0.1
```

9.2.2　怎么做

研究建立 RBM 模型的步骤。

1．定义 placeholder 变量：

```
vb <- tf$placeholder(tf$float32, shape = shape(num_input))
hb <- tf$placeholder(tf$float32, shape = shape(num_hidden))
W <- tf$placeholder(tf$float32, shape = shape(num_input,
num_hidden))
```

2. 定义前向传播：

```
X = tf$placeholder(tf$float32, shape=shape(NULL, num_input))
prob_h0= tf$nn$sigmoid(tf$matmul(X, W) + hb)
h0 = tf$nn$relu(tf$sign(prob_h0 -
tf$random_uniform(tf$shape(prob_h0))))
```

3. 定义反向传播：

```
prob_v1 = tf$matmul(h0, tf$transpose(W)) + vb
v1 = prob_v1 + tf$random_normal(tf$shape(prob_v1), mean=0.0,
stddev=1.0, dtype=tf$float32)
h1 = tf$nn$sigmoid(tf$matmul(v1, W) + hb)
```

4. 相应地计算正负梯度：

```
w_pos_grad = tf$matmul(tf$transpose(X), h0)
w_neg_grad = tf$matmul(tf$transpose(v1), h1)
CD = (w_pos_grad - w_neg_grad) / tf$to_float(tf$shape(X)[0])
update_w = W + alpha * CD
update_vb = vb + alpha * tf$reduce_mean(X - v1)
update_hb = hb + alpha * tf$reduce_mean(h0 - h1)
```

5. 定义目标函数：

```
err = tf$reduce_mean(tf$square(X - v1))
```

6. 初始化当前和先前的变量：

```
cur_w = tf$Variable(tf$zeros(shape = shape(num_input, num_hidden),
dtype=tf$float32))
cur_vb = tf$Variable(tf$zeros(shape = shape(num_input),
dtype=tf$float32))
cur_hb = tf$Variable(tf$zeros(shape = shape(num_hidden),
dtype=tf$float32))
prv_w = tf$Variable(tf$random_normal(shape=shape(num_input,
num_hidden), stddev=0.01, dtype=tf$float32))
prv_vb = tf$Variable(tf$zeros(shape = shape(num_input),
dtype=tf$float32))
prv_hb = tf$Variable(tf$zeros(shape = shape(num_hidden),
dtype=tf$float32))
```

7. 开启 TensorFlow 会话：

```
sess$run(tf$global_variables_initializer())
song = np$array(trainX)
song =
song[1:(np$floor(dim(song)[1]/num_timesteps)*num_timesteps),]
```

```
song = np$reshape(song, newshape=shape(dim(song)[1]/num_timesteps,
dim(song)[2]*num_timesteps))
output <- sess$run(list(update_w, update_vb, update_hb), feed_dict
= dict(X=song,
W = prv_w$eval(),
vb = prv_vb$eval(),
hb = prv_hb$eval()))
prv_w <- output[[1]]
prv_vb <- output[[2]]
prv_hb <- output[[3]]
sess$run(err, feed_dict=dict(X= song, W= prv_w, vb= prv_vb, hb=
prv_hb))
```

8．运行200个训练轮数：

```
epochs=200
errors <- list()
weights <- list()
u=1
for(ep in 1:epochs){
  for(i in seq(0,(dim(song)[1]-100),100)){
    batchX <- song[(i+1):(i+100),]
    output <- sess$run(list(update_w, update_vb, update_hb),
feed_dict = dict(X=batchX,
W = prv_w,
vb = prv_vb,
hb = prv_hb))
    prv_w <- output[[1]]
    prv_vb <- output[[2]]
    prv_hb <- output[[3]]
    if(i%%500 == 0){
      errors[[u]] <- sess$run(err, feed_dict=dict(X= song, W=
prv_w, vb= prv_vb, hb= prv_hb))
      weights[[u]] <- output[[1]]
      u <- u+1
      cat(i , " : ")
    }
  }
  cat("epoch :", ep, " : reconstruction error : ",
errors[length(errors)][[1]],"\n")
}
```

9.3　生成新的音符

在本节中，我们将生成新的样本音符。通过改变参数num_timesteps可以生成新的音符。但是，应该记住增加时间步长，因为在当前的 RBM 配置中，向量的维度增加会使计算效率偏低。这些 RBM 可以通过创建它们的栈（深度信念网络）来提高学习效率。读者可以利用第 5 章中的 DBN 代码生成新的音符。

怎么做

1．创建新的音乐样本：

```
hh0 = tf$nn$sigmoid(tf$matmul(X, W) + hb)
vv1 = tf$nn$sigmoid(tf$matmul(hh0, tf$transpose(W)) + vb)
feed = sess$run(hh0, feed_dict=dict( X= sample_image, W= prv_w, hb=
prv_hb))
rec = sess$run(vv1, feed_dict=dict( hh0= feed, W= prv_w, vb=
prv_vb))
S = np$reshape(rec[1,],newshape=shape(num_timesteps,2*note_range))
```

2．重新生成 MIDI 文件：

```
midi_manipulation$noteStateMatrixToMidi(S,
name=paste0("generated_chord_1"))
generated_chord_1
```

第 10 章 迁移学习

本章中，我们将讨论迁移学习的概念，涉及以下主题：

- 举例说明预训练模型的使用；
- 构建迁移学习模型；
- 构建图像分类模型；
- 在 GPU 上训练深度学习模型；
- 比较使用 CPU 和 GPU 的性能。

10.1 介绍

近年来，深度学习领域中发生了大量的变化，以提高不同领域（如文本、图像、音频和视频）的算法效率和计算效率。然而，当涉及新数据集的训练时，机器学习通常从零开始重构模型，这就像在解决传统的数据科学问题中所做的那样，变得具有挑战性，因为这需要非常高的计算能力和大量的时间来达到期望的模型效率。

迁移学习是一种从现有模型中学习新场景的机制。这种方法对于训练大数据集非常有用，不一定来自类似的领域或问题。例如，研究人员已经展示了迁移学习的例子，他们训练了迁移学习，以应对完全不同的问题场景，比如将分类猫和狗构建的模型用于分类飞机和汽车等物体。

从类比的角度来看，迁移学习更多是将已学习的关系传递给新的架构，以便对权重进行微调。图 10-1 是如何使用迁移学习的一个示例。

图 10-1 显示了迁移学习的步骤，其中来自预先开发的深度学习模型的权重 / 架构被重新用于预测新的问题。迁移学习有助于为深度学习架构提供一个良好的起点。在不同的领域中，有不同的开源项目在进行，这些项目有利于迁移学习，

例如，ImageNet 是一个图像分类的开源项目，其中开发了许多不同的架构，例如 Alexnet、VGG16 和 VGG19。同样，在文本挖掘中，Google 新闻的 Word2Vec 项目使用了 30 亿个单词进行训练。

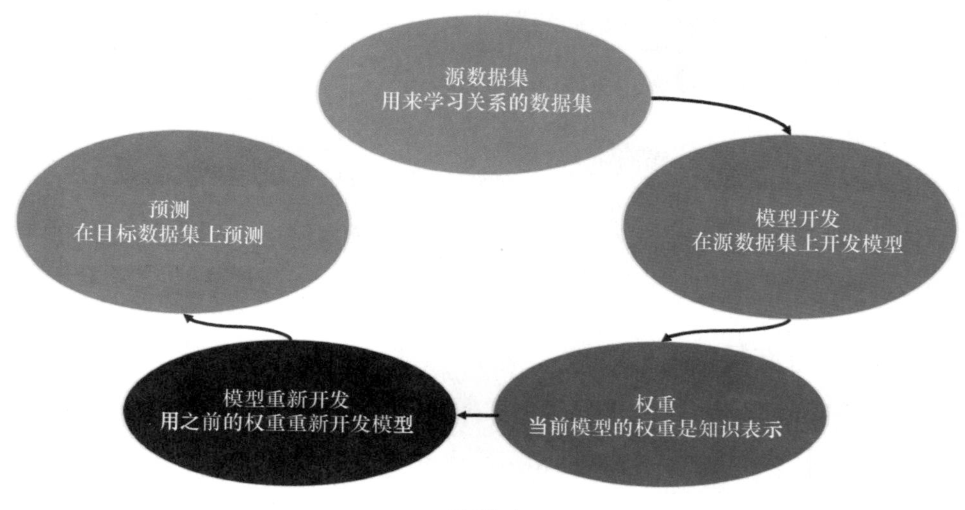

图 10-1

10.2　举例说明预训练模型的使用

本节包含了使用预训练模型的配置，将使用 TensorFlow 演示。我们将使用 VGG16 架构构建，使用 ImageNet 作为数据集。ImageNet 是一个开源的图像储存库，用于构建图像识别算法。该数据库有 1,000 多万个带标记的图像和 100 多万个具有边框以捕获对象的图像。

很多不同的深度学习架构是使用 ImageNet 数据集开发的。VGG 卷积神经网络是流行的架构之一，由 Zisserman 和 Simonyan 提出（2014 年），并且在有 1,000 种类别的 ImageNet 数据集上训练。我们会考虑 VGG 架构的变体 VGG16，它因简单而出名。该网络使用 224×224 的 RGB 图像的输入，采用 13 个宽度 × 高度 × 深度不同的卷积层。最大池化层用于减少体积大小。该网络具有 5 个最大池化层。卷积层的输出会通过 3 个完全连接层。完全连接层的结果经过 Softmax 层以评估 1,000 个类别的概率。

VGG16 的详细架构如图 10-2 所示。

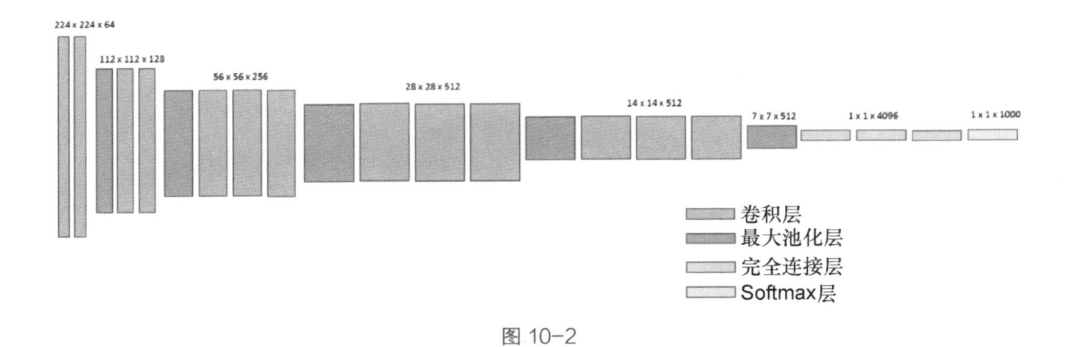

图 10-2

10.2.1　做好准备

这部分包含了使用 VGG16 预训练模型进行分类所需要的文件。

1．下载 VGG16 权重。该文件可以使用以下脚本下载：

```
require(RCurl)
URL <-
'http://download.tensorflow.org/models/vgg_16_2016_08_28.tar.gz'
download.file(URL,destfile="vgg_16_2016_08_28.tar.gz",method="libcu
rl")
```

2．在 Python 中安装 TensorFlow。

3．安装 R，并在 R 中安装 TensorFlow 包。

4．从 http://image-net.org/download-imageurls 下载实例图片。

10.2.2　怎么做

本小节提供使用预训练模型的步骤。

1．在 R 中加载 TensorFlow：

```
require(tensorflow)
```

2．从 TensorFlow 分配 slim 库：

```
slimobj = tf$contrib$slim
```

TensorFlow 中的 slim 库用来在定义、训练和评估方面维护复杂的神经网络模型。

3．重置 tensorflow 图：

```
tf$reset_default_graph()
```

4．定义输入图像：

```
# 改变图像大小
input.img= tf$placeholder(tf$float32, shape(NULL, NULL, NULL, 3))
scaled.img = tf$image$resize_images(input.img, shape(224,224))
```

5．重新定义 VGG16 网络：

```
# 定义 VGG16 网络
library(magrittr)
VGG16.model<-function(slim, input.image){
  vgg16.network = slim$conv2d(input.image, 64, shape(3,3),
scope='vgg_16/conv1/conv1_1') %>%
    slim$conv2d(64, shape(3,3), scope='vgg_16/conv1/conv1_2') %>%
    slim$max_pool2d( shape(2,2), scope='vgg_16/pool1') %>%
    slim$conv2d(128, shape(3,3), scope='vgg_16/conv2/conv2_1') %>%
    slim$conv2d(128, shape(3,3), scope='vgg_16/conv2/conv2_2') %>%
    slim$max_pool2d( shape(2,2), scope='vgg_16/pool2') %>%
    slim$conv2d(256, shape(3,3), scope='vgg_16/conv3/conv3_1') %>%
    slim$conv2d(256, shape(3,3), scope='vgg_16/conv3/conv3_2') %>%
    slim$conv2d(256, shape(3,3), scope='vgg_16/conv3/conv3_3') %>%
    slim$max_pool2d(shape(2,2), scope='vgg_16/pool3') %>%
    slim$conv2d(512, shape(3,3), scope='vgg_16/conv4/conv4_1') %>%
    slim$conv2d(512, shape(3,3), scope='vgg_16/conv4/conv4_2') %>%
    slim$conv2d(512, shape(3,3), scope='vgg_16/conv4/conv4_3') %>%
    slim$max_pool2d(shape(2,2), scope='vgg_16/pool4') %>%
    slim$conv2d(512, shape(3,3), scope='vgg_16/conv5/conv5_1') %>%
    slim$conv2d(512, shape(3,3), scope='vgg_16/conv5/conv5_2') %>%
    slim$conv2d(512, shape(3,3), scope='vgg_16/conv5/conv5_3') %>%
    slim$max_pool2d(shape(2,2), scope='vgg_16/pool5') %>%
    slim$conv2d(4096, shape(7,7), padding='VALID',
scope='vgg_16/fc6') %>%
    slim$conv2d(4096, shape(1, 1), scope='vgg_16/fc7') %>%
    slim$conv2d(1000, shape(1, 1), scope='vgg_16/fc8') %>%
    tf$squeeze(shape(1, 2), name='vgg_16/fc8/squeezed')
  return(vgg16.network)
}
```

6．上述函数定义了用于 VGG16 网络的架构。网络可以使用以下脚本进行分配:

```
vgg16.network<-VGG16.model(slim, input.image = scaled.img)
```

7．加载已经下载的 VGG16 权重 vgg_16_2016_08_28.tar.gz：

```
# 重新存储权重
restorer = tf$train$Saver()
sess = tf$Session()
restorer$restore(sess, 'vgg_16.ckpt')
```

8．下载一个样本测试图像。我们从 testImgURL 位置下载一个示例图像，如下面的脚本所示：

```
# 使用 VGG16 网络评估
testImgURL<-
"http://farm4.static.flickr.com/3155/2591264041_273abea408.jpg"
img.test<-tempfile()
download.file(testImgURL,img.test, mode="wb")
read.image <- readJPEG(img.test)
# 清理临时文件
file.remove(img.test)
```

上述脚本从变量 testImgURL 提及的 URL 中下载了图 10-3。

图 10-3

9．使用 VGG16 预训练模型确定类别：

```
## 评估
size = dim(read.image)
```

```
imgs = array(255*read.image, dim = c(1, size[1], size[2], size[3]))
VGG16_eval = sess$run(vgg16.network, dict(images = imgs))
probs = exp(VGG16_eval)/sum(exp(VGG16_eval))
```

类别 672 的最大可能性为 0.62，672 指 VGG16 训练数据集中的类别——山地自行车、全地形自行车、越野车。

10.3 构建迁移学习模型

本节将讲解使用 CIFAR-10 数据集的迁移学习。之前的章节介绍了如何使用预训练模型，本节将演示如何针对不同的问题使用预训练模型。

我们将使用另一个非常好的深度学习包 MXNet，用另一个架构 Inception 来展示这个概念。为了简化计算，我们将问题复杂度从 10 个类别降低到两个类别（飞机和汽车），重点使用 Inception-BN 进行迁移学习的数据准备。

10.3.1 做好准备

首先为构建迁移学习模型做准备。

1．从 http://www.cs.toronto.edu/~kriz/cifar.html 下载 CIFAR-10 数据集。可以使用第 3 章中的 download.cifar.data 函数下载该数据集。

2．安装 imager 包：

```
Install.packages("imager")
```

10.3.2 怎么做

下面将逐步指导，以准备 Inception-BN 预训练模型的数据集。

1．加载依赖的软件包：

```
# 加载软件包
require(imager)
source("download_cifar_data.R")
download_cifar_data 包含下载和读取 CIFAR10 数据集的功能。
```

2．读取下载的 CIFAR-10 数据集。

```
# 读取数据集和标签
DATA_PATH<-paste(SOURCE_PATH, "/Chapter 4/data/cifar-10-batchesbin/",
sep="")
labels <- read.table(paste(DATA_PATH, "batches.meta.txt", sep=""))
cifar_train <- read.cifar.data(filenames =
c("data_batch_1.bin","data_batch_2.bin","data_batch_3.bin","data_ba
tch_4.bin"))
```

3. 为飞机和汽车过滤数据集。这是一个可选步骤，可以为后续步骤减少复杂性：

```
# 分别用标签 1 和标签 2 过滤飞机和汽车的数据
Classes = c(1, 2)
images.rgb.train <- cifar_train$images.rgb
images.lab.train <- cifar_train$images.lab
ix<-images.lab.train%in%Classes
images.rgb.train<-images.rgb.train[ix]
images.lab.train<-images.lab.train[ix]
rm(cifar_train)
```

4. 转换为图像。此步骤是必需的，因为 CIFAR-10 数据集是 32×32×3 图像，它被扁平化为 1024×3 格式：

```
# 转换为图像的函数
transform.Image <- function(index, images.rgb) {
  # 将每个颜色层转换为矩阵，
  # 组合为一个 RGB 对象，并显示为一幅图
  img <- images.rgb[[index]]
  img.r.mat <- as.cimg(matrix(img$r, ncol=32, byrow = FALSE))
  img.g.mat <- as.cimg(matrix(img$g, ncol=32, byrow = FALSE))
  img.b.mat <- as.cimg(matrix(img$b, ncol=32, byrow = FALSE))

  # 将 3 个通道绑定到一个图像中
  img.col.mat <- imappend(list(img.r.mat,img.g.mat,img.b.mat),"c")
  return(img.col.mat)
}
```

5. 用零填充图像：

```
  # 填充图像的函数
  image.padding <- function(x) {
  img_width <- max(dim(x)[1:2])
  img_height <- min(dim(x)[1:2])
  pad.img <- pad(x, nPix = img_width - img_height,
                 axes = ifelse(dim(x)[1] < dim(x)[2], "x", "y"))
  return(pad.img)
}
```

6．将图像保存到指定的文件夹中：

```
# 保存训练图像
MAX_IMAGE<-length(images.rgb.train)

# 将飞机图像写入飞机（aero）文件夹
sapply(1:MAX_IMAGE, FUN=function(x, images.rgb.train,
images.lab.train){
  if(images.lab.train[[x]]==1){
    img<-transform.Image(x, images.rgb.train)
    pad_img <- image.padding(img)
    res_img <- resize(pad_img, size_x = 224, size_y = 224)
    imager::save.image(res_img, paste("train/aero/aero", x,
".jpeg", sep=""))
  }
}, images.rgb.train=images.rgb.train,
images.lab.train=images.lab.train)


# 将汽车图像写入汽车（auto）文件夹
sapply(1:MAX_IMAGE, FUN=function(x, images.rgb.train,
images.lab.train){
  if(images.lab.train[[x]]==2){
    img<-transform.Image(x, images.rgb.train)
    pad_img <- image.padding(img)
    res_img <- resize(pad_img, size_x = 224, size_y = 224)
    imager::save.image(res_img, paste("train/auto/auto", x, ".jpeg", sep=""))
  }
}, images.rgb.train=images.rgb.train,
images.lab.train=images.lab.train)
```

上述脚本将飞机图像保存到飞机（aero）文件夹，且将汽车图像保存到汽车（auto）文件夹中。

7．转换为MXNet支持的记录格式.rec。此转换需要Python中的MXnet模块im2rec.py，因为R不支持转换。一旦在Python中安装了MXNet，使用系统命令，就可以从R中调用它。使用以下文件可以将数据集拆分为训练和测试：

```
System("python ~/mxnet/tools/im2rec.py --list True --recursive True
--train-ratio 0.90 cifar_224/pks.lst cifar_224/trainf/")
```

上述脚本将生成两个列表文件：pks.lst_train.lst 和 pks.lst_train.lst。训练和验证的拆分由前面脚本中的 -train-ratio 参数控制。类别的数量取决于 trainf 目录中文件夹的数量。在这种场景下，挑选了两个类别：汽车和飞机。

8．为训练和验证数据集转换 * .rec 文件：

```
# 从训练样本列表创建 .rec 文件
System("python ~/mxnet/tools/im2rec.py --num-thread=4 --passthrough=
1 /home/prakash/deep\ learning/cifar_224/pks.lst_train.lst
/home/prakash/deep\ learning/cifar_224/trainf/")

# 从验证样本列表创建 .rec 文件
System("python ~/mxnet/tools/im2rec.py --num-thread=4 --passthrough=
1 /home/prakash/deep\ learning/cifar_224/pks.lst_val.lst
/home/prakash/deep\ learning/cifar_224/trainf/")
```

上述脚本将创建 pks.lst_train.rec 和 pks.lst_val.rec 文件，以便在下一节中使用。下一节将使用预训练模型来训练模型。

10.4 构建图像分类模型

本节着重于使用迁移学习构建图像分类模型。它将利用前面章节中准备的数据集，并使用 Inception-BN 架构。 Inception-BN 中的 BN 代表批量归一化（batch normalization）。有关计算机视觉中 Inception 模型的详细信息可以在 Szegedy 等人（2015 年）的文献中找到。

10.4.1 做好准备

该部分介绍了使用 Inception-BN 预训练模型建立分类模型的前提条件。

1．将图像转换为 .rec 文件进行训练和验证。

2．从 http://data.mxnet.io/mxnet/data/Inception.zip 下载 Inception-BN 架构。

3．安装 R，并在 R 中安装 MXNet 包。

10.4.2 怎么做

1．加载 .rec 文件作为迭代器。以下是加载 .rec 数据作为迭代器的函数：

```
# 加载数据作为迭代器的函数
```

```
data.iterator <- function(data.shape, train.data, val.data,
BATCHSIZE = 128) {
  # 加载训练数据作为迭代器
  train <- mx.io.ImageRecordIter(
    path.imgrec = train.data,
    batch.size = BATCHSIZE,
    data.shape = data.shape,
    rand.crop = TRUE,
    rand.mirror = TRUE)
# 加载验证数据作为迭代器
val <- mx.io.ImageRecordIter(
    path.imgrec = val.data,
    batch.size = BATCHSIZE,
    data.shape = data.shape,
    rand.crop = FALSE,
    rand.mirror = FALSE
  )
  return(list(train = train, val = val))
}
```

在前面的函数中，mx.io.ImageRecordIter 从 RecordIO（.rec）文件中读取批量图像。

2．使用 data.iterator 函数加载数据：

```
# 加载数据集
data <- data.iterator(data.shape = c(224, 224, 3),
                      train.data = "pks.lst_train.rec",
                      val.data = "pks.lst_val.rec",
                      BATCHSIZE = 8)
train <- data$train
val <- data$val
```

3．从 Inception-BN 文件夹加载 Inception-BN 预训练模型：

```
# 加载 Inception-BN 模型
inception_bn <- mx.model.load("Inception-BN", iteration = 126)
symbol <- inception_bn$symbol
# 模型的不同层可以使用函数来查看
symbol$arguments
```

4．获取 Inception-BN 模型的层：

```
# 加载模型信息
internals <- symbol$get.internals()
outputs <- internals$outputs
```

```
flatten <- internals$get.output(which(outputs == "flatten_output"))
```

5．定义一个新层来替换 flatten_output 层：

```
# 定义一个新层
new_fc <- mx.symbol.FullyConnected(data = flatten,
                                   num_hidden = 2,
                                   name = "fc1")
new_soft <- mx.symbol.SoftmaxOutput(data = new_fc,
                                    name = "softmax")
```

6．初始化新定义层的权重。要重新训练最后一层，使用以下脚本执行权重初始化：

```
# 为新层重新初始化权重
arg_params_new <- mxnet:::mx.model.init.params(
  symbol = new_soft,
  input.shape = c(224, 224, 3, 8),
  output.shape = NULL,
  initializer = mxnet:::mx.init.uniform(0.2),
  ctx = mx.cpu(0)
)$arg.params
fc1_weights_new <- arg_params_new[["fc1_weight"]]
fc1_bias_new <- arg_params_new[["fc1_bias"]]
```

在上述层中，权重是使用 [−0.2, 0.2] 之间的均匀分布分配的。ctx 定义执行的设备。

7．重新训练模型：

```
# 模型重新训练
model <- mx.model.FeedForward.create(
  symbol             = new_soft,
  X                  = train,
  eval.data          = val,
  ctx                = mx.cpu(0),
  eval.metric        = mx.metric.accuracy,
  num.round          = 5,
  learning.rate      = 0.05,
  momentum           = 0.85,
  wd                 = 0.00001,
  kvstore            = "local",
  array.batch.size   = 128,
  epoch.end.callback = mx.callback.save.checkpoint("inception_bn"),
  batch.end.callback = mx.callback.log.train.metric(150),
  initializer        = mx.init.Xavier(factor_type = "in", magnitude
```

```
= 2.34),
  optimizer          = "sgd",
  arg.params         = arg_params_new,
  aux.params         = inception_bn$aux.params
)
```

前面的模型设置为在 CPU 上运行 5 个循环，使用准确度作为评估指标。图 10-4 显示了所描述模型的执行情况。

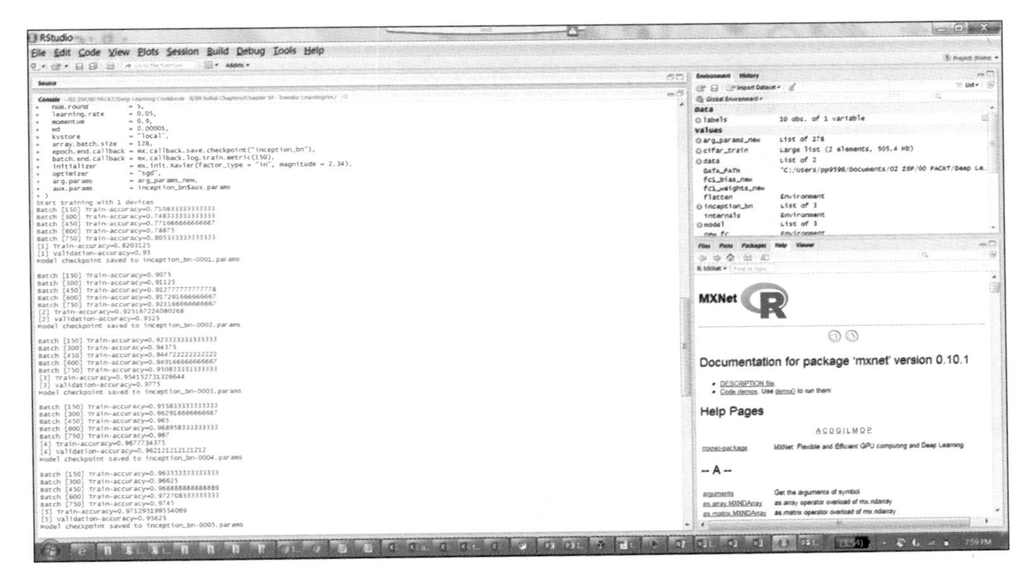

图 10-4

训练模型的训练准确度为 0.97，验证准确度为 0.95。

10.5 在 GPU 上训练深度学习模型

图形处理单元（Graphical Processing Unit，GPU）是一种硬件，可使用大量核心渲染图像。Pascal 是 NVIDIA 发布的最新 GPU 微架构。GPU 中数百个内核的存在有助于增强计算能力。本节提供了使用 GPU 运行深度学习模型的示例。

10.5.1 做好准备

本小节提供运行 GPU 和 CPU 所需的依赖。

1．这里进行的实验使用的是 GPU 硬件，如 GTX 1070。

2．为 GPU 安装 MXNet。要为指定机器的 GPU 安装 MXNet，请按照 mxnet.io 中的安装说明进行操作。按照图 10-5 所示来选择要求，并按照说明操作。

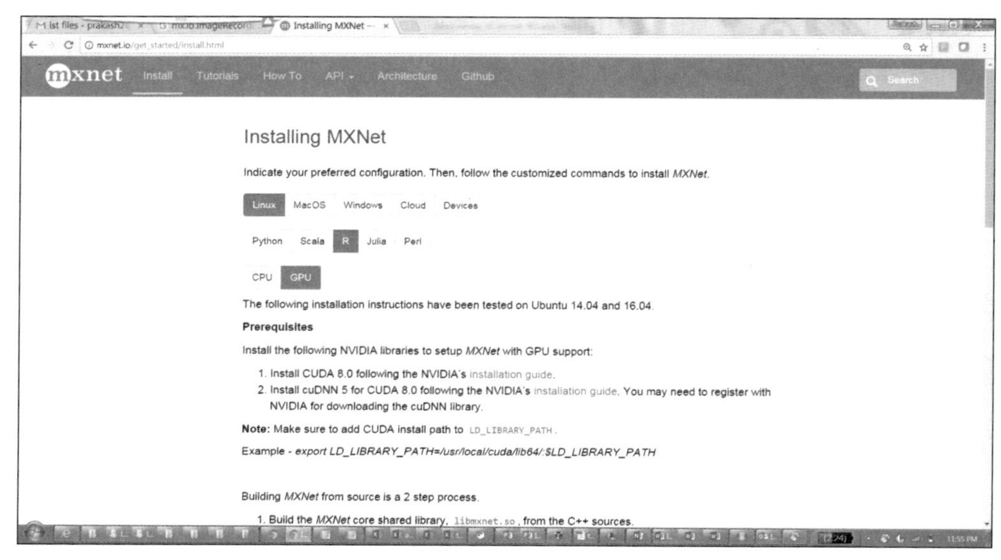

图 10-5

10.5.2　怎么做

以下是如何在 GPU 上训练深度学习模型的方法。

通过改变设备配置，可以使前一节中讨论的 Inception-BN 迁移学习模型在已安装的 GPU 和已配置的机器上运行，如以下脚本所示。

```
# Mode re-train
model <- mx.model.FeedForward.create(
  symbol             = new_soft,
  X                  = train,
  eval.data          = val,
  ctx                = mx.gpu(0),
  eval.metric        = mx.metric.accuracy,
  num.round          = 5,
  learning.rate      = 0.05,
  momentum           = 0.85,
```

```
  wd                    = 0.00001,
  kvstore               = "local",
  array.batch.size      = 128,
  epoch.end.callback = mx.callback.save.checkpoint("inception_bn"),
  batch.end.callback = mx.callback.log.train.metric(150),
  initializer           = mx.init.Xavier(factor_type = "in", magnitude
= 2.34),
  optimizer             = "sgd",
  arg.params            = arg_params_new,
  aux.params            = inception_bn$aux.params
)
```

在上述模型中，设备设置从 mx.cpu 更改为 mx.gpu。5 个迭代工具花费 CPU 大约 2 个小时的计算时间，而同样的迭代在 GPU 中花费大约 15 分钟。

10.6 比较使用 CPU 和 GPU 的性能

大家可能会好奇，当设备从 CPU 切换到 GPU 时，为什么会观察到如此大的改进？由于深度学习架构涉及大量矩阵计算，GPU 可以使用大量并行内核来帮助加速这些计算，这些内核通常用于图像渲染。

GPU 的性能已经被许多算法用来加速软件的执行。下文使用 gpuR 软件包提供了矩阵计算的一些基准。在 R 应用中，gpuR 是实现 GPU 计算的通用软件包。

10.6.1 做好准备

该部分涉及建立 GPU 和 CPU 之间比较的要求。

1．使用安装的 GPU 硬件，例如 GTX 1070。

2．访问官网（https://developer.nvidia.com/cuda-downloads）下载安装 CUDA 工具包。

3．安装 gpuR 软件包：

```
install.packages("gpuR")
```

4．测试 gpuR：

```
library(gpuR)
```

```
# 核实你的 GPU 是否有效
detectGPUs()
```

10.6.2　怎么做

我们从加载软件包开始。

1．加载软件包，并将精度设置为 float（默认情况下，GPU 精度设置为单个数字）：

```
library("gpuR")
options(gpuR.default.type = "float")
```

2．给 GPU 分配矩阵：

```
# 为 GPU 分配一个矩阵
A<-matrix(rnorm(1000), nrow=10)

vcl1 = vclMatrix(A)
```

上述命令的输出将包含对象的详细信息。以下脚本显示了一个示例：

```
> vcl1
An object of class "fvclMatrix"
Slot "address":
<pointer: 0x000000001822e180>

Slot ".context_index":
[1] 1

Slot ".platform_index":
[1] 1

Slot ".platform":
[1] "Intel(R) OpenCL"

Slot ".device_index":
[1] 1

Slot ".device":
[1] "Intel(R) HD Graphics 530"
```

3．我们考虑一下 CPU 和 GPU 的性能评估。大多数深度学习将使用 GPU 进行矩阵计算，因此使用以下脚本通过矩阵乘法评估性能：

```
# CPU 与 GPU 的性能
DF <- data.frame()
evalSeq<-seq(1,2501,500)
for (dimpower in evalSeq){
  print(dimpower)
  Mat1 = matrix(rnorm(dimpower^2), nrow=dimpower)
  Mat2 = matrix(rnorm(dimpower^2), nrow=dimpower)
  now <- Sys.time()
  Matfin = Mat1%*%Mat2
  cpu <- Sys.time()-now
  now <- Sys.time()
  vcl1 = vclMatrix(Mat1)
  vcl2 = vclMatrix(Mat2)
  vclC = vcl1 %*% vcl2
  gpu <- Sys.time()-now
  DF <- rbind(DF,c(nrow(Mat1), cpu, gpu))
}
DF<-data.frame(DF)
colnames(DF) <- c("nrow", "CPU_time", "gpu_time")
```

上述脚本使用 CPU 和 GPU 分别计算矩阵乘法，并且存储了计算不同大小的矩阵所需的时间。脚本的输出结果如图 10-6 所示。

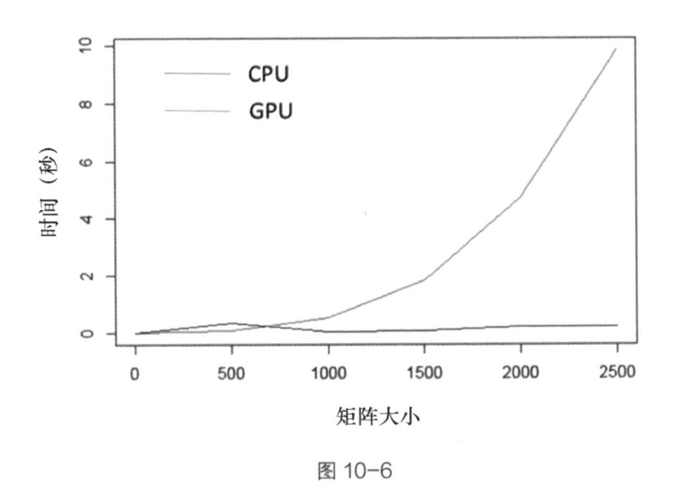

图 10-6

图 10-6 显示了 CPU 所需的计算工作量随矩阵大小呈指数增长。因此，GPU 有助于加快速度。

10.6.3　更多内容

GPU 是机器学习计算中的新主流，R 中已经开发出许多用来访问 GPU 的包，同时使你保持在一个熟悉的 R 环境中，例如 gputools、gmatrix 和 gpuR。其他算法也在利用 GPU 方面得到了改进和完善，以增强计算能力，如使用 GPU 实现 SVM 的 RPUSVM。因此，在充分利用硬件能力的同时，本课题还需要大量的创新和探索来部署算法。

10.6.4　另请参阅

要了解有关使用 R 的并行计算的更多信息，请阅读 Simon R. Chapple 等人编写的图书（*Mastering Parallel Programming with R*, 2016）。